図解でよくわかる
土壌微生物のきほん

土の中のしくみから、土づくり、家庭菜園での利用法まで

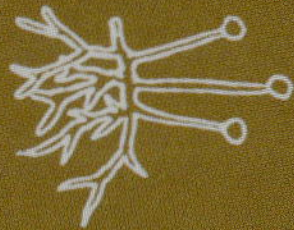

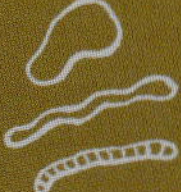

すぐわかる
すごくわかる!

横山 和成 監修

誠文堂新光社

まえがき

今はラピュタがなぜ亡びたのか　私よくわかる
ゴンドアの谷の歌にあるもの
土に根をおろし　風とともに生きよう
種とともに冬をこえ　鳥とともに春を歌おう
どんなに恐ろしい武器をもっても
沢山のかわいそうなロボットを操っても
土から離れては生きられないのよ！

（『天空の城ラピュタ』スタジオジブリより）

有名な宮崎駿の傑作長編アニメ『天空の城ラピュタ』（１９８６）のクライマックスシーンで、主人公シータが叫ぶ至高の金言である。ここに、本書の出版を寿ぐ意味で、学生時代の若かりし日に出会った映画の1コマをお贈りしたくなったのには、理由がある。私は、20年以上にわたって、この主人公をして「離れては生きられない」と言明させた「土」の生物的な豊かさを研究してきた研究者だ。その研究の結果、辿り着いた答えが、「土の豊かさは、土のなかに無数に存在する微生物の多様性と、それらの活性（有機物の分解）量の掛け算として数値化できる」という発見だった。

この発見に至る長い道のりの途中、私は人類文明を支えてきた根源資源は、「豊かな農地土壌」であり、農地を豊かにし続けてきたのは、「土壌微生物生態系」以外にないと確信するに至った。何故ならば、「豊か」と評価された土壌のなかには、1g当たり1兆個を越す微生物が生きていること。この計数のため、土壌微生物の遺伝子ＤＮＡを発光させた像を顕微鏡で観察したとき、暗黒の土壌粒子のなかに、まさに天空に輝く銀河にも見紛う生命の煌めきを見た。ふだんは、我々の靴に踏みしめられ、自己主張などとは縁遠い存在、地味の代表のように扱われている土のなかで、40億年間途絶えることなく続いてきた究極の持続システム「生命」の営みが、雄々しく脈々と行われていることを知ったからだ。

開発した評価技術「多様性・活性」を尺度として、私たちの周りの土、さらには国外の農地土壌を測定して歩くなかで、最新技術の粋を集めて世界中で行われている工業的農業が、その技術自体の余りの非持続性、すなわち自然の営みを無視した形でつくられてきたことの報いとして、農耕が行われた土の大半で、土壌荒廃を引き起こしていることを知った。そのなかで、先進工業国のなかでたったひとつだけ、我が国だけが、経済発展と共存しながら、荒廃のない土壌を数多く保っている事実を目の当たりにしたのだ。

これら事実の前で、私たちを産み育ててくれた先人達の知恵と土にかけた熱い思い、それを育んだ歴史と文化の深遠さ壮大さに対して、心底から畏敬の念を覚えるとともに、我々と子孫の「生命」そのものが、世界の片隅で悠久の歴史を貫く形で伝えられてきた豊かな土と多様な微生物の「生命力」によって守られていることはもはや疑う余地はないことに気が付いた。

拙文を閉じるに際して、いまも世界各地で、気候変動や、それによる持続的食料生産の苦難に立ち向かっている多くの人々に勇気と、解決のための具体的糸口を提供する、人類の偉大な文化的遺産として、土壌微生物の重要さを伝えること、そのための活動の片隅に携わることができたことを、心から光栄に感じる。そして何より、生ある限り、微生物の持続的生存戦略から多くのことを学んでいきたいと願っている。

いつか私たちも土を忘れて亡びさらぬように…

2015年5月　横山和成

「土のなかの銀河」。土壌微生物の DNA を発光させた顕微鏡写真

図解でよくわかる　土壌微生物のきほん

目次

第5章 有機物を必要としない土壌微生物

第6章 根の周囲に生息する土壌微生物

第7章 根に寄生する土壌微生物

第8章 土の性質と土壌微生物

目次

土壌微生物とは何か？

人間と微生物のかかわり

食生活を豊かにする発酵食品

「微生物」という言葉を聞いて、まず最初に思い浮かべるのは、「目に見えないほど小さくて、科学者が顕微鏡を用いて研究する、なじみのない生きもの」というイメージかもしれない。しかし微生物は、人類の長い歴史のなかで、自然に日常生活のなかに取り入れられ、きわめて有益かつ身近な存在として利用されてきた。たしかに細胞の一つひとつは目に見えないほど小さいけれど、それらが集まって集団になると、とてつもないパワーを生み出すことができる。

　とくに食料品においては、発酵食品という形で私たちは日ごろから微生物の恩恵を受けている。発酵食品とは、まさに「微生物の力を利用してつくられた食品」のことで、日本人の食生活にとって欠かせないものが数多く存在する。

　たとえば「酵母」という種類の微生物は、糖分をアルコールと炭酸ガスに分解する。そこで、ブドウの糖分を酵母で発酵させるとワインができ、麦芽糖を発酵させるとビールができる。また、カビの仲間の「こうじ菌」からは、清酒や味噌、醤油などがつくられる。細菌の仲間である「乳酸菌」はヨーグルトをつくり、「納豆菌」は納豆をつくる。そのほか、挙げればきりがないほど、我々日本人の食卓には、微生物の恩恵を受けた食品がずらりと並んでいる。

微生物の力で病気を治す！

病院で薬を処方されるときによく耳にするのが「抗生物質」。これもまた微生物の力を借りてつくり出されたものである。「菌類」の一種である青カビからつくったペニシリンや、「放線菌」という種類の微生物から分離されたストレプトマイシンは、感染症の治療薬として有名である。ほかにもさまざまな種類の抗生物質がこれまでに開発されてきた。最近では、大腸菌の遺伝子組み換え技術によって抗ガン剤をつくったり、細菌を利用してガン治療を行う研究がすすめられているなど、微生物の利用範囲はさらなる広がりを見せている。

地球の環境を守る微生物

微生物はまた、環境浄化の分野でも活躍している。下水処理場や食品工場などから出る廃水は、微生物の力によって浄化し処理されている。また、工場などから出る水銀、鉛、六価クロム、ダイオキシン、ＰＣＢなどの有害物質が含まれた土壌や水を、微生物によって浄化する方法が活用されている。また最近では、石油タンカーの事故などにより油で汚染された海岸を、微生物を使って浄化する「バイオレメディエーション」という技術が開発されている（１４２頁）。

さまざまな分野での微生物の利用例

食品への利用

味噌や醤油、チーズ、納豆やヨーグルト、パンなどの「発酵食品」や、ビール、ワインや清酒などのお酒は微生物を利用してつくられている

医療への利用

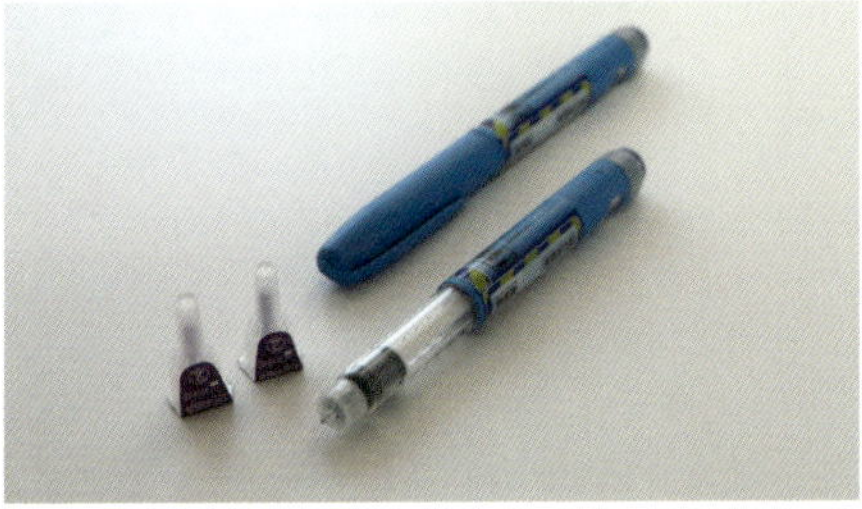

糖尿病の治療薬であるインスリンや、ペニシリン、ストレプトマイシンなどの抗生物質は、微生物の力を借りてつくられているものが多い

環境浄化への利用

工場から出る廃水や、油で汚染された海岸などの浄化にも、微生物を利用した技術が活用されている

地球の誕生から生物の進化へ

生命の先祖は無機物だった!?

地球が誕生したのは、およそ46億年前。そのころの地球はあたり一面溶岩だらけという状態であったが、長い月日が過ぎるにつれ、溶岩は岩石となり、地表の温度が約３００℃まで下がると、水蒸気が雨となって降り注ぎ、やがて海ができた。それがおよそ40億年前の出来事である。しかしまだ空や海には生命はなく、二酸化炭素や窒素などの無機物のみしか存在していなかった。

やがてさまざまな自然現象の刺激により化学反応が起こり、無機物からアミノ酸や核酸などの有機物がつくられ、それがやがて凝縮してゆき、生命のもととなる細胞になったといわれている。

酸素ガスの出現が生命体を進化させた

はじめて海中に誕生した生命体は、海のなかの有機物をエサにして生きていたが、やがて有機物は底をつき、生命体は絶滅の危機を迎えることになった。そのとき誕生したのが、光エネルギーと無機物から有機物を合成できる微生物であり、現在も生存する「硫黄細菌」の先祖といわれている。やがて、この硫黄細菌のなかから、光合成を行って酸素ガスを発生する微生物（藍藻《らんそう》など）が現れ、環境中に酸素ガスが増えていくようになった。これが約35億年前のことである。

酸素ガスの増加によりオゾン層が形成され、生命体にとって有害な紫外線も減っていった。そして約19億年前には、微小藻類やカビなどの真核生物が出現するようになり、約10億年前から大型の藻類が現れ、ここからさらに植物や動物が進化をして、約4億年前についに生命体は陸に上がった。

多様な進化をとげた微生物

このように生物は、もともと海のなかに存在した藍藻から、動物、植物、菌類など、さまざまな種類の形態に進化していった。

最初に出現した藍藻と細菌は「モネラ界」と呼ばれるグループに属し、これらは核をもたないことから「原核生物」と呼ぶ。微生物のうち、原生動物、藻類、カビ（菌類）などは核をもち、「真核生物」と呼ぶ。なお、菌類とは、俗にいうカビ、酵母、キノコの総称であり、学問的には「真菌類」に分類されている。また、「原生生物界」のグループには、ゾウリムシ、アメーバなどの原生動物や、藻類などが属している。

土壌に生息する微生物は、これらの分類のうち、細菌と菌類がほとんどを占め、藻類や原生動物の割合は少ない。

生命の進化の過程

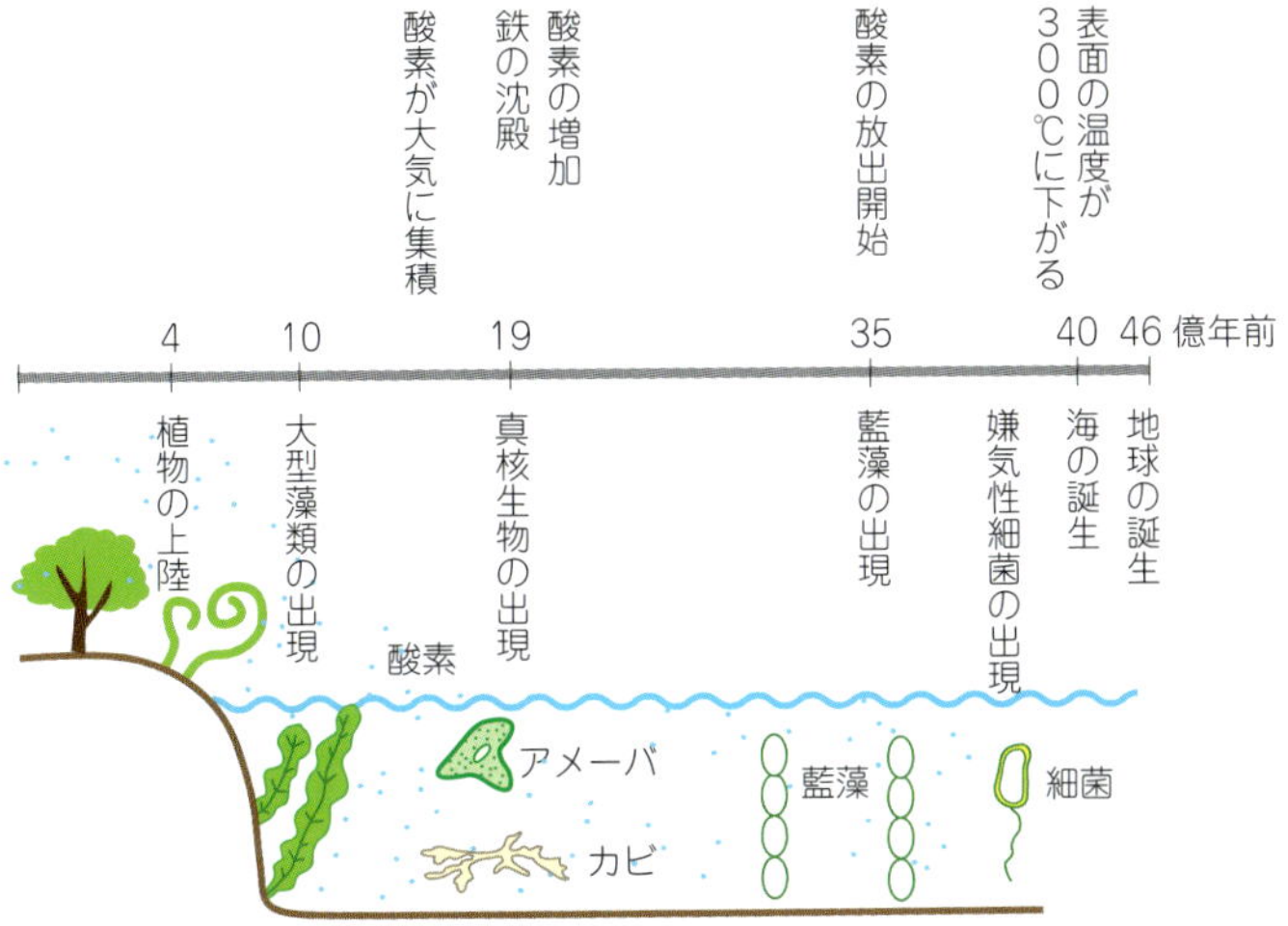

生物の分類学上の進化（ホイタッカーの5界説）

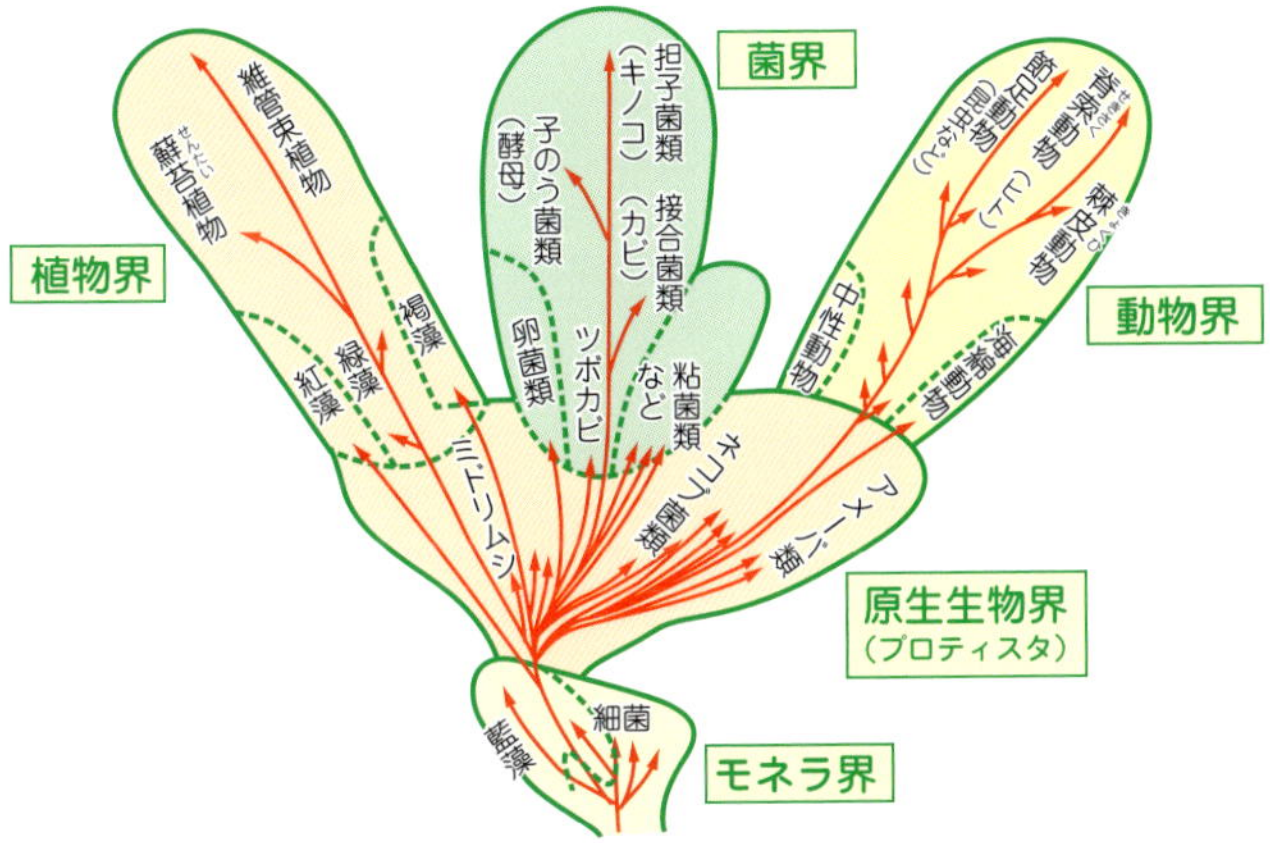

生物界における微生物の位置

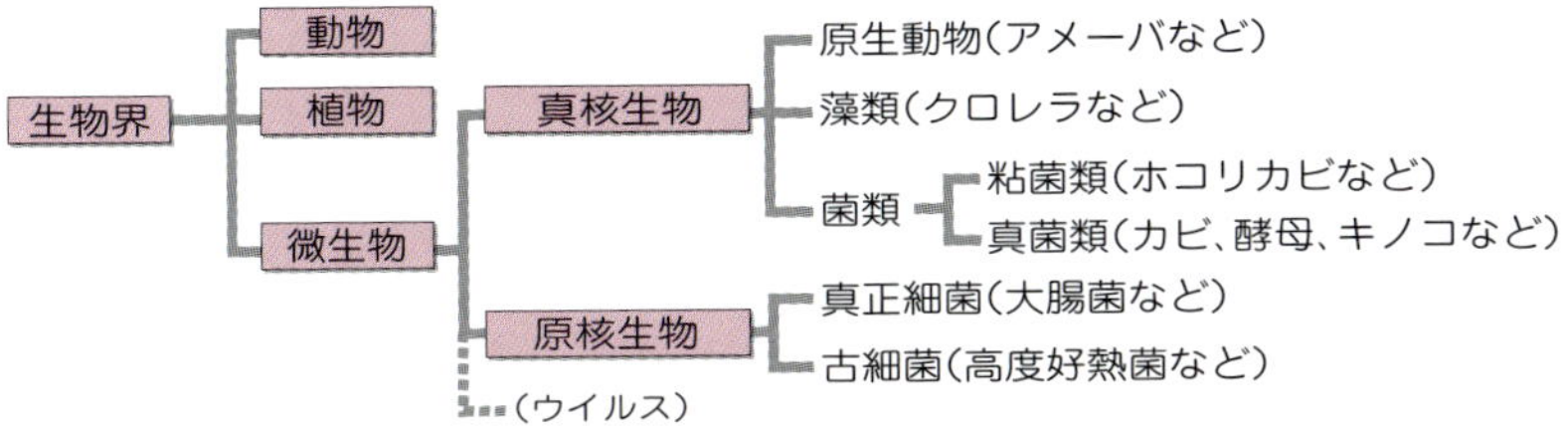

土壌微生物の体の基本構造と大きさ

土壌微生物の種類と量

土壌中に微生物はどれくらいいるのか？　土壌といっても、森林、畑、水田などにより土壌の環境条件が異なるため、生息する土壌微生物の種類や数は、当然違ってくるが、一般に畑には、面積10ａ、深さ10㎝の土に約７００㎏の土壌生物が存在するといわれている。そのうち約70％がカビ、約25％が細菌と放線菌、約5％が土壌動物とされている。また、畑には水分が少ないことから、藻類や原生動物は水田に比べてかなり少ない。一方、水田は水分が多く酸素が少ないため、酸素が必要となるカビは極端に減少し、酸素を必要としない「嫌気性菌」（18頁）と呼ばれる細菌が多い。

土壌微生物の基本構造と大きさ

土壌微生物は、大きく分けると「細菌」「放線菌」「菌類（カビ、酵母、キノコ）」「藻類」「原生動物」に分類できる（ウイルスは除く）。このうち細菌は、土壌微生物のなかでは最も小さく、通常は1㎛前後である。細菌は細胞の形により、球形をした「球菌」、筒状や棒状をした「桿菌」、らせん状をした「らせん菌」、曲状をした「ビブリオ」などに分類されている。細胞は細胞壁で覆われているが、細菌は原核生物であるため、DNAを入れておくための核をもたない。また、細菌のDNAは1本のみである（高等生物は2本存在する）。DNAが1本のみということは、2本ある場合に比べて、遺伝的に変化しやすいということであり、環境の変化によってさまざまな形態の細胞が出現しやすいことを意味している。

菌類の仲間は多種多様であり、カビ、酵母、キノコが含まれる。菌類の細胞はかたい細胞壁で覆われ、円筒状をしている。菌類は菌糸を伸ばして成長し、胞子をつくる性質をもつ（酵母を除く）。菌糸は直径が3～10㎛で比較的大きく、伸びた菌糸は肉眼でも観察することができる。カビと酵母は、それぞれ菌糸の伸び方に特徴があり、分枝を繰り返して伸びていくのがカビで、まとまって束状になるものがキノコである。また、菌糸を出さずにひとつの細胞（単細胞）の状態で生育するのが酵母である。

放線菌は、細菌とカビの中間の性質をもち、カビと同じように菌糸を伸ばすが、細菌と同様に原核生物に分類される微生物である。菌糸の直径は1㎛以下で、土壌中には多く存在し、いわゆる土特有の「土臭さ」は、この放線菌が発生するにおいとされている。

原生動物の細胞は動物と同様に、細胞壁をもたず、薄い細胞膜で覆われている。原生動物の形態は、鞭毛をもつミドリムシや、自由に形を変えるアメーバなど、さまざまである。

畑に生息する土壌生物の種類と割合

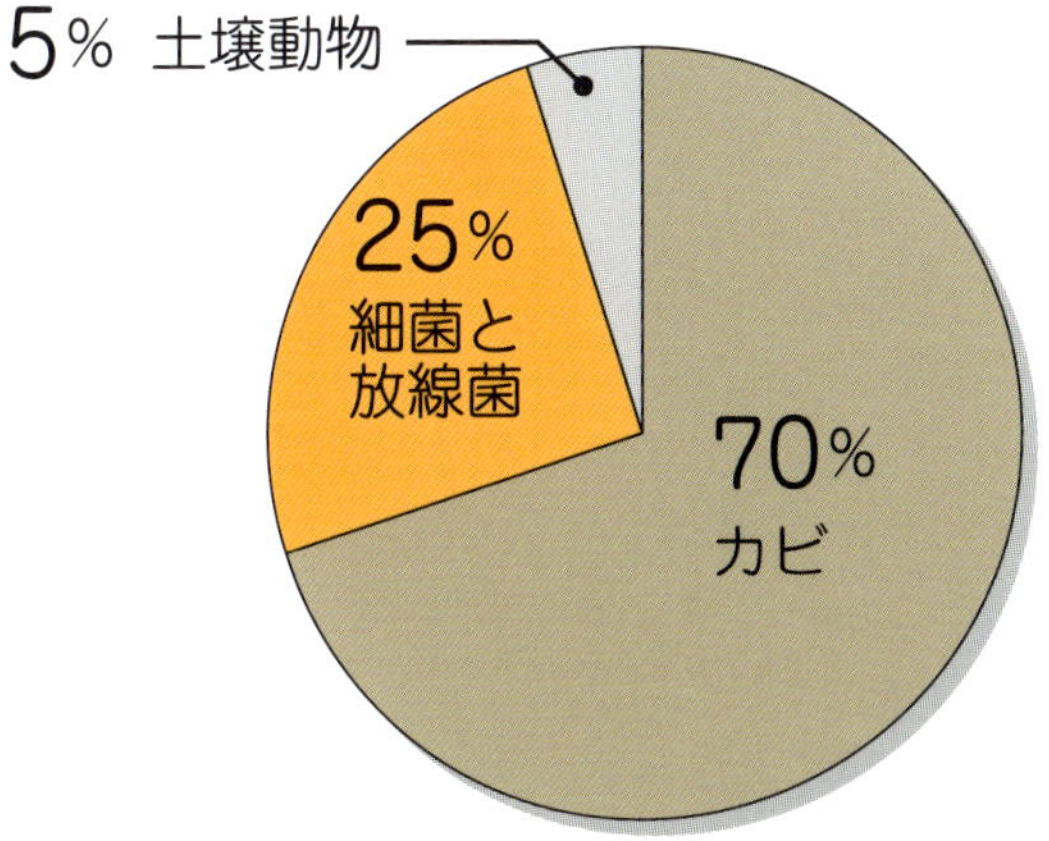

土壌に生息する微生物の比較

	種別	形態	大きさ	表土 15㎝に生息する微生物の重量 g/㎡*
土壌微生物	原生動物	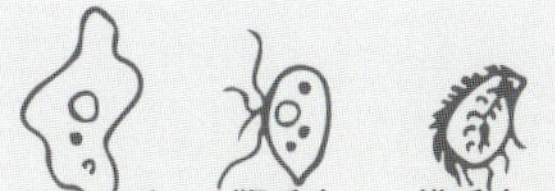 アメーバ　鞭毛虫　繊毛虫	10 ～ 100μm	2 ～ 20
	藻類	 藍藻　緑藻	10μm～ 1㎜	1 ～ 50
	菌類	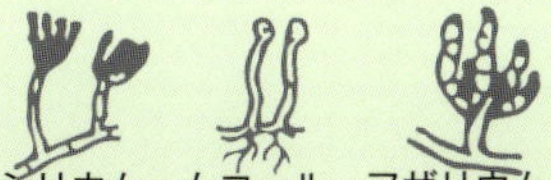 ペニシリウム　ムコール　フザリウム	菌子幅 3 ～ 10μm	100 ～ 1,500
	放線菌	 直線状　らせん状　輪生状	菌子幅 1μm程度	40 ～ 500
	細菌	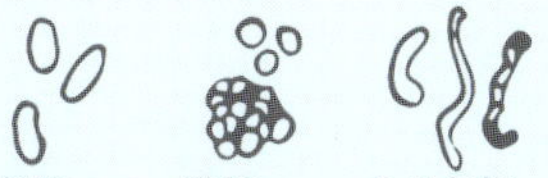 桿菌　球菌　らせん菌	1μm程度	40 ～ 500

＊ 1㎡深さ 15㎝の土壌に生息する微生物の重量

（資料：藤原俊六郎『新版 図解 土壌の基礎知識』農文協）

微生物の活動性と増殖の仕方

微生物は短時間でどんどん増える！

微生物の特性として、活動が活発で、増殖するスピードが速いことが挙げられる。人間の成人男性は、1時間に約18Lの酸素を消費して呼吸をしている。一方、ある種の細菌は、1億個の個体を合わせても約0・03Lの酸素しか消費しない。しかし人間と細菌の重量をそろえた場合で考えると、人間は細菌の約100分の1しか酸素を吸収していないことがわかる。また、カビや酵母も、細菌ほどではないが、人間に比べればはるかにたくさんの酸素を吸収できる特性がある。微生物は体が小さい分、体積当たりの表面積が大きくなり、細胞の外から吸収する物質の量を増やすことができる。酸素を多く吸収できるということは、それだけ活動能力が大きく、増殖のスピードも速いということである。

1個の細胞が2個になるまでの時間を「世代時間」というが、大腸菌（細菌の一種）の世代時間は約20分、酵母は約2時間といわれている。人間の平均寿命がおよそ80年であることを考えると微生物の増殖スピードがいかに速いかが想像できる。ただし、これらの世代時間は、生育の環境条件が最もよい場合であり、実際の土壌は生育環境がわるいこともあるため、細菌や酵母が常に前記のスピードで増殖しているわけではない。

細菌の増え方

細菌は原核生物に分類され、細胞内には核が存在しない。細胞のなかに裸の状態で1本のDNAがある。細菌は成長とともに細胞成分が倍増してゆき、ある程度大きくなると1本のDNAから同じDNAが複製される。細胞内で2本になったDNAは、それぞれ細胞内の両端に移動し、細胞の中心部を境界にして細胞が2つに分裂する。

菌類と放線菌の増え方

カビは胞子を形成し、その胞子が発芽して菌糸をつくる。菌糸は成長を続け、やがてまた胞子を形成する。一般的にカビの胞子には性別があり、交配によってできた胞子を「有性胞子」と呼び、交配を経ずに1個の細胞から無性的につくられた胞子を「無性胞子」と呼ぶ。有性胞子と無性胞子のどちらが形成されるかは、環境条件によって決まる。土壌中のカビは無性胞子が多い。一方、菌糸をつくらない酵母は、母細胞から子供の細胞が芽を出して、それが分裂して増殖する「出芽」によって増えるものが多い。

また、放線菌も基本的には菌糸をつくるが、菌糸の幅や長さはカビよりも短いものが多い。

おもな土壌微生物の増え方

細菌

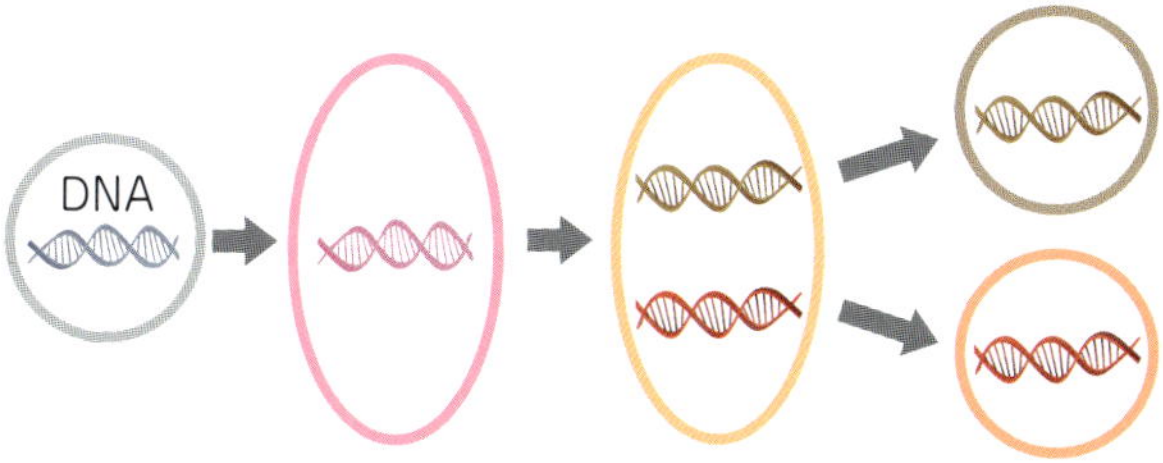

１本のＤＮＡが２本になり、それぞれのＤＮＡが分かれるように細胞が二分裂する（二分裂法）

カビ

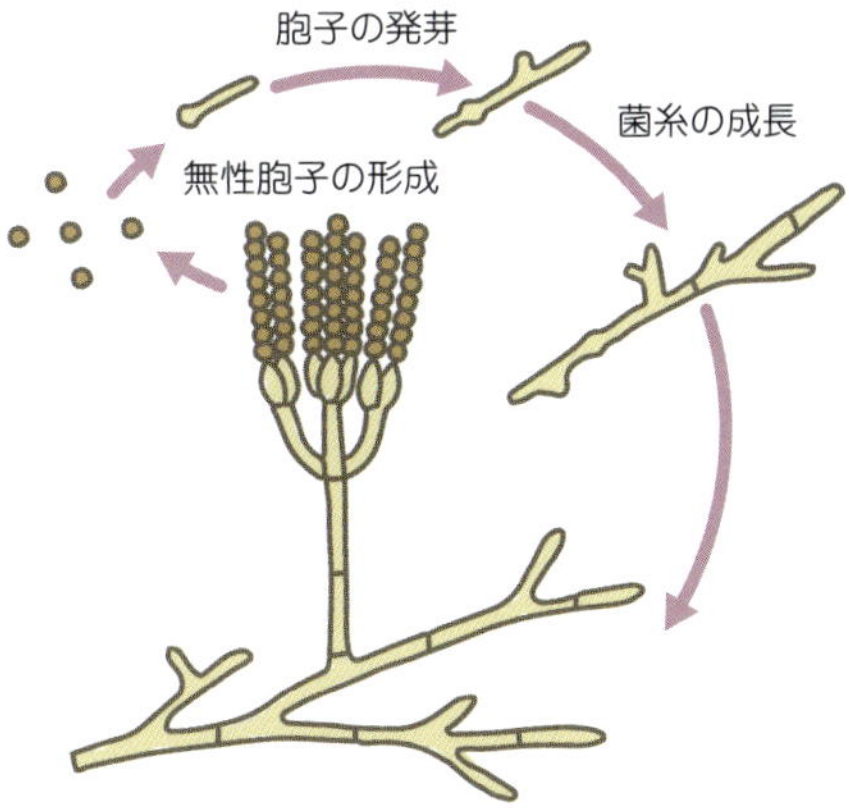

菌糸を伸ばし、菌糸の上にたくさんの胞子を形成し、それらが分散して発芽し、そこから再び菌糸が伸びる

放線菌

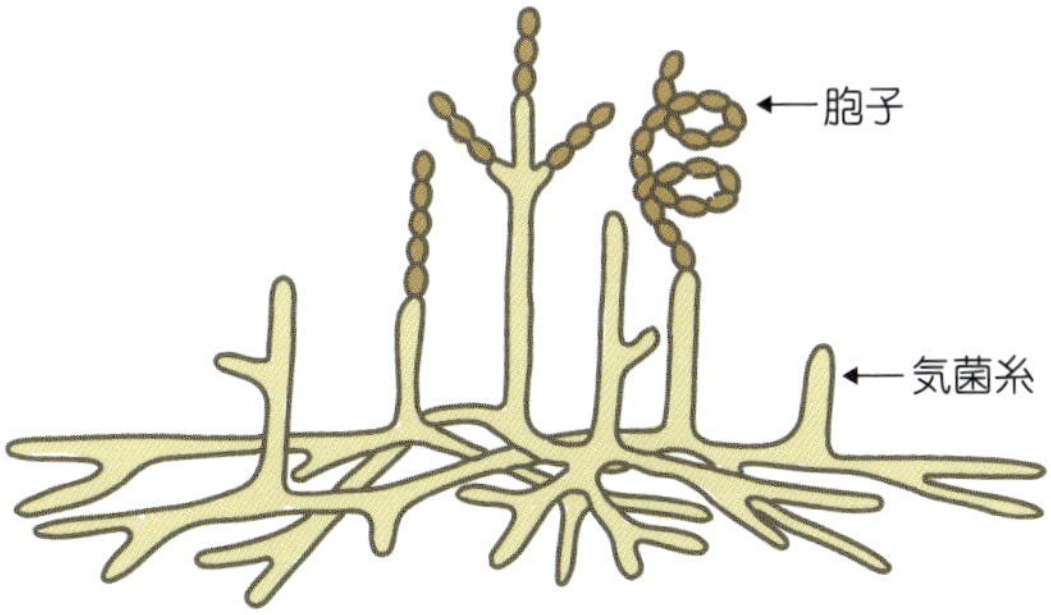

垂直に伸びた菌糸（気菌糸）の上に胞子を形成し、それらが分散して発芽し、再び菌糸を伸ばす

微生物の栄養

微生物にもエサが必要

動物でも植物でも、生きていくためには外部から養分を摂取する必要がある。その目的はふたつあり、まずひとつは活動するために必要なエネルギー源を確保すること、もうひとつは細胞成分をつくるために必要な栄養分を獲得することである。これらの目的のために、微生物も人間と同様、なんらかの形で糖類、脂肪、タンパク質、ナトリウム、リン、カルシウム、マグネシウムなどを養分として摂取する必要がある。

おもに糖類や脂肪はエネルギー源として使われ、タンパク質は細胞成分をつくるために、そしてマグネシウムなどは細胞成分をつくる際の補強や代謝などに使われる。エネルギーを得るためには、微生物も人間と同じように、「ＡＴＰ（アデノシン3リン酸）」という物質の合成が必要で、そのためには必ずリンが必要となる。またビタミンは、微生物体内で合成できるため、人間のように食べものから得る必要はない。

微生物は何をエサにするのか？

微生物は何を食べて生きているのだろうか？　栄養源は微生物の種類によって異なり、大きくふたつのタイプに分かれる。

まずひとつは、人間と同じように有機物を分解して養分を得るタイプ。そしてもうひとつは、二酸化炭素などを炭素源として、無機物や光を利用して養分を得るタイプである。有機物を利用するタイプの微生物を「有機栄養微生物」と呼び、無機物を利用するタイプの微生物を「無機栄養微生物」と呼ぶ。また、植物のように、光エネルギーを利用して炭酸同化を行う微生物を「光合成微生物」と呼ぶ。

無機栄養微生物の重要な役割

有機栄養微生物は、有機物を分解してエネルギーを獲得し、さらに細胞成分となる栄養素も同時に得ているが、無機栄養微生物や光合成微生物は、二酸化炭素を炭素源として利用して、そこから有機物を合成するため、エネルギー効率は有機栄養微生物よりもわるい。土壌微生物の大部分は有機栄養微生物であり、無機栄養微生物や光合成微生物の数は割合としては圧倒的に少ない。しかし、土壌中の生態系維持や物質循環（窒素や硫黄など）にとって、大きな役割を果たしている。

たとえば、無機栄養微生物の代表例として「硝化菌」がいる。土壌中で有機物が分解されるとアンモニアが多く生産されるが、硝化菌の作用により、アンモニア態窒素を硝酸態窒素に変えることができる。作物は、硝酸態窒素のほうが吸収しやすいため、硝化菌の存在は大変重要である。

エサの獲得様式の違いによる微生物の分類

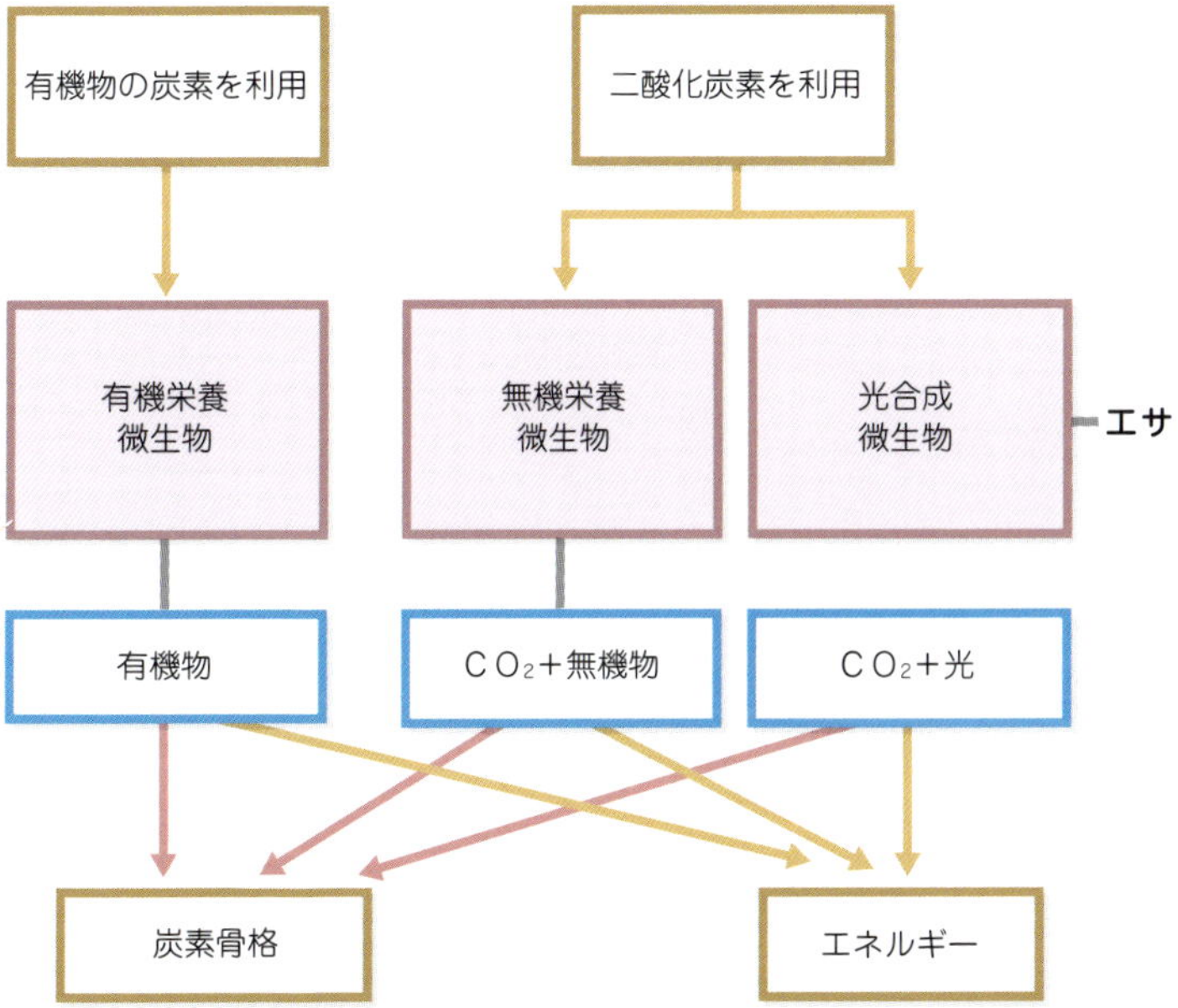

硝化菌(無機栄養微生物)の作用

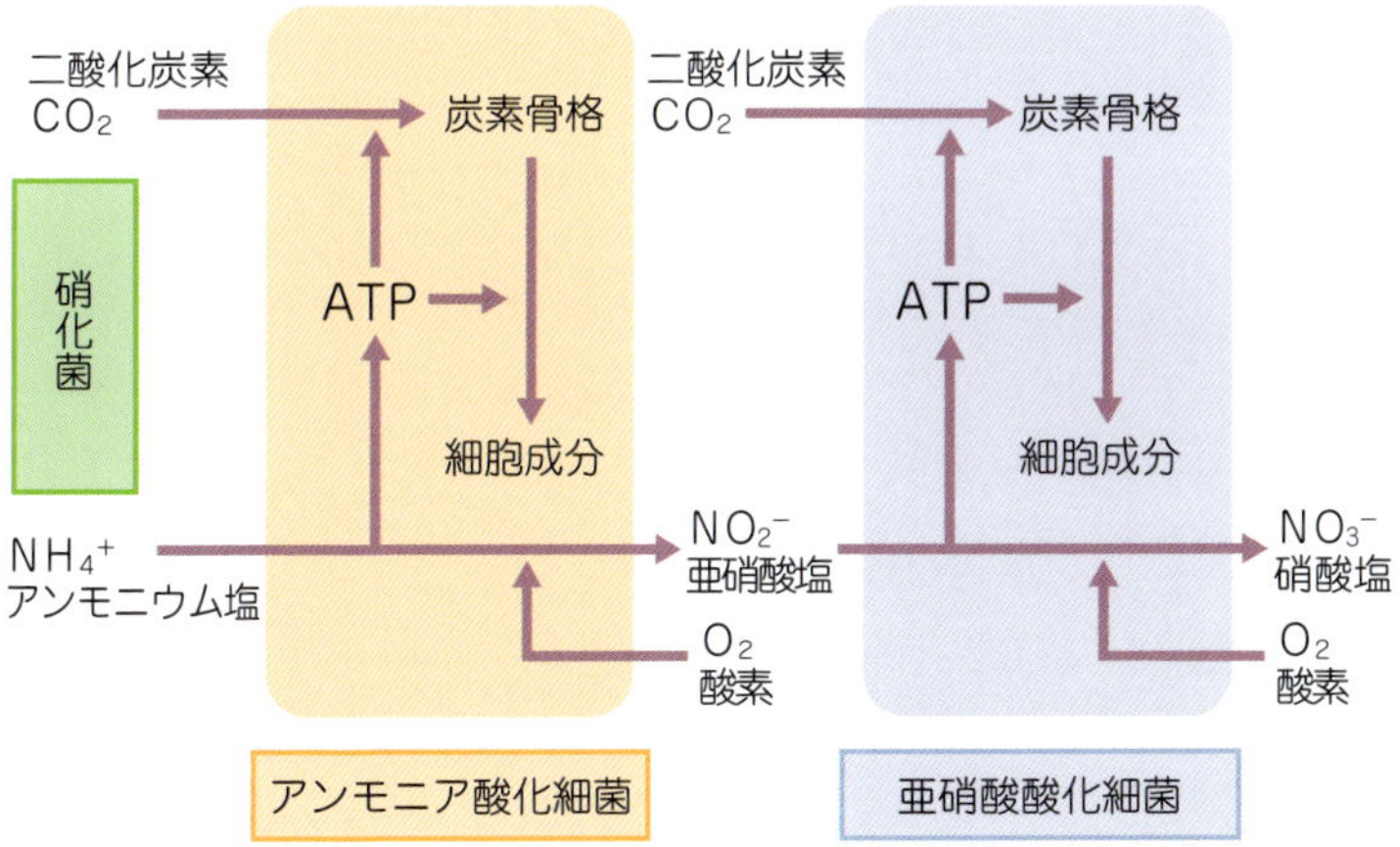

(資料：西尾道徳『土壌微生物の基礎知識』農文協を一部改変)

微生物の生育環境と分類

酸素が好きな微生物と嫌いな微生物

微生物は、酸素状態、温度、pH、塩濃度、水分、光などの環境条件により、生育状況が大きく変わってくる。

陸上の動物や植物は、空気のあるなかで生きており、酸素は呼吸のために必要不可欠だが、微生物のなかには酸素がない条件下でも生育できるものがいる。酸素のある環境で生育する微生物を「好気性菌」と呼び、酸素が存在しないところでも生育できる微生物を「嫌気性菌」と呼ぶ。また、嫌気性菌には、酸素があるとまったく生育できない「絶対的嫌気性菌」と、酸素があってもなくても、どちらでも生育できる「条件的（通性）嫌気性菌」がいる。土壌は大気中と異なり酸素の量が少なく、嫌気性菌も多く生存している。また、酸素濃度の違いにより、生育する土壌微生物の種類が変わる。

どんな微生物にも好きな温度がある

牛乳を殺菌する工程において、約80℃で短時間殺菌する方法などがあるが、これは高温の条件下で微生物が生育しにくい性質を利用し、できるだけ品質に影響しない範囲で高温処理を行い、牛乳内の微生物を殺すことが目的である。反対に、低温条件においても微生物が生育できない温度がある。微生物が生育できるぎりぎりの温度を「生育最高温度」および「生育最低温度」と呼び、生育に最も適した温度を「生育最適温度」と呼ぶ。微生物の種類によって、この値は異なる。これらの生育温度の違いによって、微生物を「低温菌」「中温菌」「高温菌」などに分類することができる。

しかし、微生物は一般に、高温よりも低温に強いとされ、生育最低温度以下の条件下においても、増殖は抑制されるが死滅しないものもいる。冷蔵庫などに食品を数日間入れておくと腐ることがあるが、これは5℃程度の温度条件下でも生育できる微生物がいるということの証拠である。

さまざまな環境要因が生育に影響する

pH（水素イオン濃度）も、生育温度と同様に、微生物によって最適pHと生育可能なpHの範囲がある。一般的に細菌の最適pHは7から8で、カビや酵母の最適pHは4から6とされており、カビや酵母は細菌よりも酸性条件下に強いとされる。また、微生物は、ほかの生物と同じように水分を必要とする。水分濃度の違いによって生育できる微生物も変わる。一般的に細菌は、カビや酵母より水分要求量が高い。

また、微生物は塩濃度に対しても違いがあり、「非好塩菌」「微好塩菌」「中度好塩菌」「高度好塩菌」に分類される。

微生物の生育条件の違い

酸素

分類	性質	おもな微生物の種類
好気性菌	酸素が必要な微生物	カビ、枯草菌、緑膿菌、結核菌
条件的（通性）嫌気性菌	酸素があってもなくても生育できる微生物	酵母、乳酸菌、大腸菌、ほとんどの細菌
絶対的嫌気性菌	酸素があると生育できない微生物	メタン菌、クロストリジウム、ほとんどの光合成細菌

温度

分類	最低温度	最適温度	最高温度	おもな微生物の種類
低温菌	－2～5℃	10～20℃	25～30℃	緑膿菌、腐敗菌、発酵細菌
中温菌	10～15℃	25～40℃	40～45℃	カビ、酵母、病原菌
高温菌	25～45℃	50～60℃	70～80℃	一部の乳酸菌

pH

おもな微生物	最適 pH の範囲	生育可能な pH の範囲
一般的な細菌	7～8	5～9
乳酸菌、酪酸菌	5～7	4～8
カビ、酵母	4～6	2～7

塩濃度

分類	最適塩濃度
非好塩菌	2%以下
微好塩菌	2～5%
中度好塩菌	5～20%
高度好塩菌	20～30%

「極限環境微生物」とは？

●恐るべし！ 微生物の生命力

地球上には、多くの微生物が多様な環境に適応して生息しているが、通常の微生物では生きられない特殊な環境下でのみ生育できる微生物を「極限環境微生物」と呼ぶ。極限環境微生物には、適応できる環境条件によって、いくつかの種類がある。

●極限環境微生物の種類と特徴

環境	微生物の種類	特徴
高温	超好熱菌（高温菌）	生育最適温度が65℃以上の微生物で、温泉や熱水の噴出口などに生息している。2008年には滅菌温度122℃以上でも増殖できる菌が見つかっている
低温	好冷菌（低温菌）	生育最適温度が20℃以下の微生物で、低温保蔵している食品の腐敗の原因にもなる。なかには氷点下でも生育できるものもいる
高pH	好アルカリ性菌	pHが10以上でも生育できる菌が見つかっており、洗濯洗剤などに利用されている
低pH	好酸性菌	pHが2以下でも生育できる菌が見つかっており、強酸性を示す胃酸のなかでも生きている微生物がいる
高圧力	好圧菌	深海800気圧のもとで生育できる菌が見つかっている。800気圧は水深8,000mでの気圧
高塩濃度	高度好塩菌	塩湖や塩田などに生息する微生物で、飽和食塩水中でも生育できる種類もいる
有機溶媒	溶媒耐性菌	有機溶媒は微生物にとっては毒性を示すものが多いが、トルエンなどの有機溶媒存在下でも生育できる菌がいる

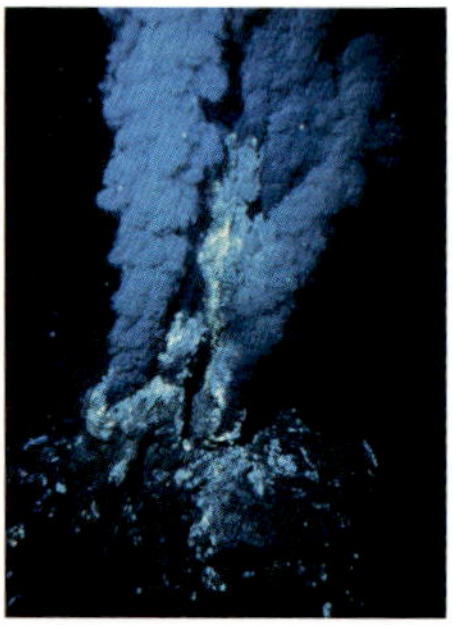

ブラックスモーカーと呼ばれる300℃を超える熱水を噴き出す海底の極限環境。この周辺の100℃を超える熱水のなかにも微生物が生息している

第2章

土壌微生物の種類

細菌の種類と特徴

細菌のおもな特徴

細菌は原核生物に属し、細胞は分裂を繰り返して増殖する（14頁）。土壌中には多くの種類の細菌が生息しており、そのほとんどは、動物や植物の遺体などの有機物を分解して、活動に必要なエネルギーや細胞成分をつくるための栄養を獲得している。

また、土壌中には、硝化菌などの無機栄養細菌も存在し、有機物ではなく二酸化炭素を炭素源として利用し、植物に必要な栄養素をつくりだしており、窒素や硫黄などの物質循環に大きく寄与している。

細菌は生育できる環境条件が幅広く、200℃くらいの熱水が出る深海や、マイナス40℃の極寒の地でも生きられる細菌もいる。また、酸素がなくても生育できる細菌（嫌気性菌）などもおり、細菌は生命力のある微生物といえる。

形状による細菌の分類

細菌の大きさは通常、1㎛前後であるが、大きいものでは10～100㎛にもなる。細菌はその形状から、「球菌」「桿菌」「らせん菌」「コンマ菌」などに分類されている。

球菌にもさまざまな種類があり、細胞が1つずつ単独で球状をしているものを「単球菌」、2つ連なるものを「双球菌」、4つ連なるものを「四連球菌」、1本の鎖状に多数の細胞が連なるものを「連鎖球菌」、ブドウの房のように細胞が集まった形状をしているものを「ブドウ球菌」と呼ぶ。

また、大腸菌や破傷風菌などの、形が棒状や円筒状の細菌を「桿菌」、スピロヘータなどの形状がらせん状のものを「らせん菌」と呼ぶ。形が湾曲したコンマのように見えるものを「コンマ菌」と呼び、コレラ菌などがこれにあたる。

土壌中の細菌の働き

前述したように、土壌中において細菌は、物質循環の担い手として大きな貢献をしている。とくにマメ科植物の根には「根粒菌」と呼ばれる細菌が共生していて、窒素固定（空気中の窒素をアンモニアに変える働き）を行っており、植物に必要な栄養を与え、土壌を豊かにする役目をしている。

その一方で細菌は、植物の生育を助けるものばかりでなく、害を与える「病原菌」としても存在する。とくに農家では、病原菌による病害の被害に頭を悩ませている。たとえば、イネに寄生する「イネ白葉枯病」や、白菜やレタスなどに被害をもたらす「軟腐病」、カンキツ類に寄生して茎を枯れさせる「カンキツかいよう病」などが例として挙げられる。

細菌の形態

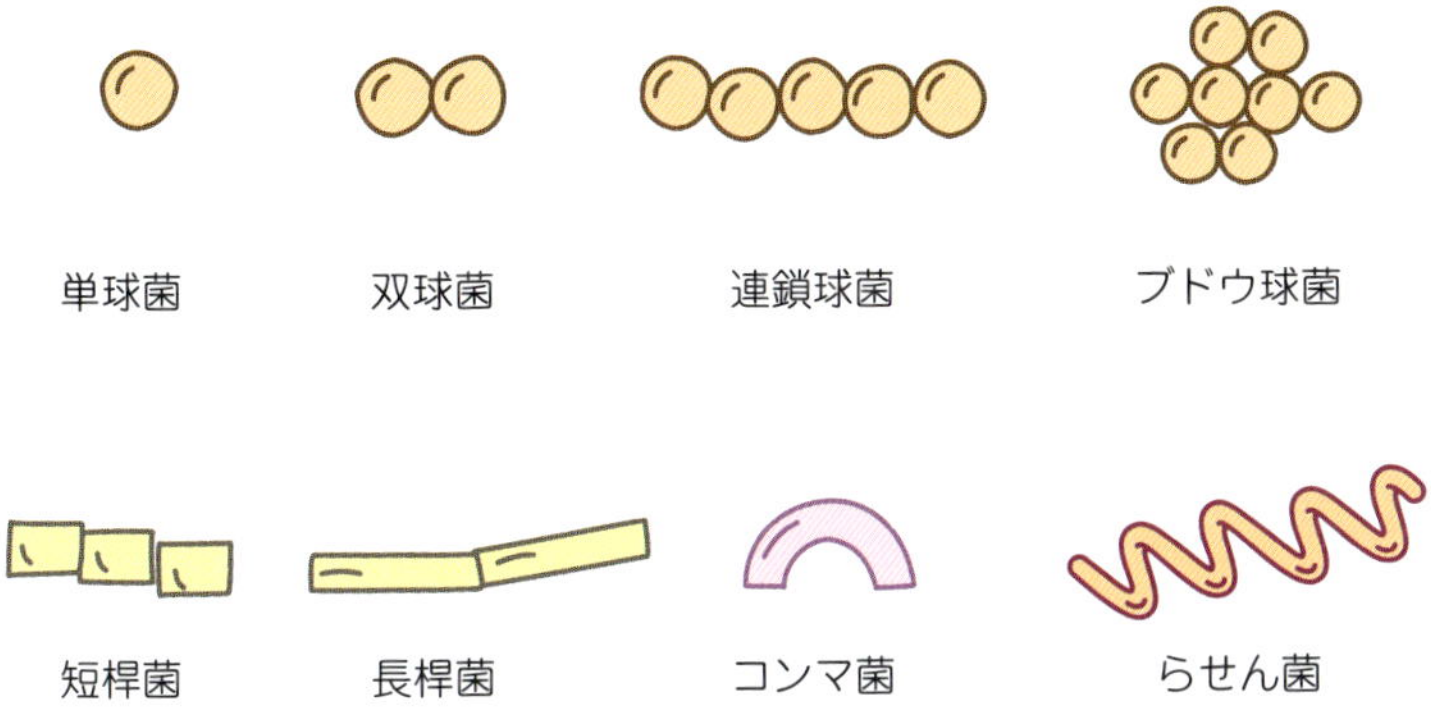

細菌による農作物の被害

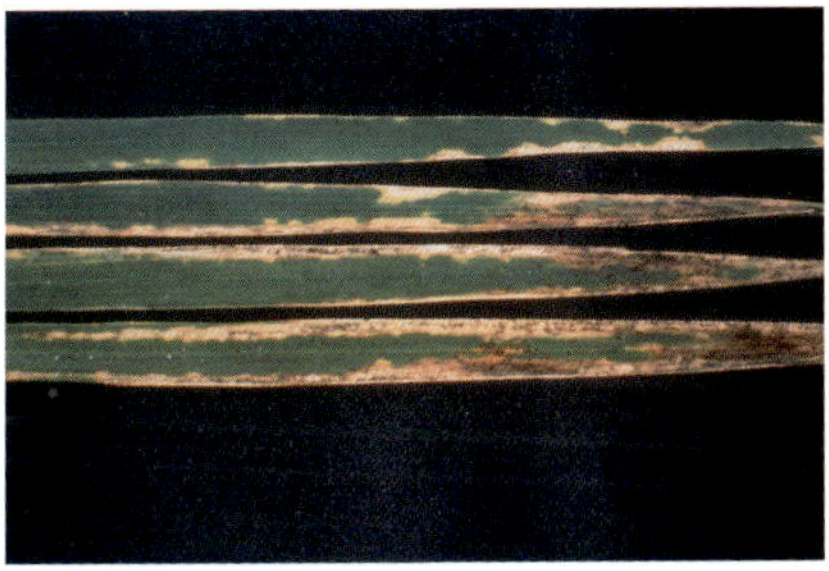

白葉枯病（イネ）
病原菌は *Xanthomonas campestris* pv. *oryzae*。葉の縁のほうから波形に白く枯れる。重要な葉が侵され、稔実が妨げられるため、減収する

軟腐病（レタス）
病原菌は *Erwinia carotovora* subsp. *carotovora*。病斑が水浸状になり、たちまち軟化する。激しいときはドロドロに溶け、悪臭を放つ

放線菌の種類と特徴

放線菌のおもな特徴

「放線菌」という微生物は、あまり聞き慣れない名称であるが、土壌には数多く存在し、人間の生活のなかで有効利用されているものも少なくない。

放線菌は、細菌とカビの特徴をあわせもつが、分類学的には細菌のグループに属している。細胞の構造や大きさは細菌によく似ているが、カビのように菌糸を伸ばし、その先端に胞子を形成する。放線菌は、土壌中では落ち葉などの有機物を分解し、物質循環に深くかかわっており、細菌や菌類と同様、自然界の生態系に大きく寄与している。

放線菌の有効活用

放線菌は、ほとんどが土壌中に生息しており、農耕地では表土１ｇ当たり10万から１００万程度存在するといわれている。土特有のいわゆる「土臭さ」は、放線菌によるものであり、土壌中では胞子の状態で存在し、養分や水分などの生育条件がよくなると、菌糸を出して生育する。

放線菌の形態は、「気菌糸」をつくるものやつくらないもの、胞子を包む「胞子嚢」をもつものなど、さまざまな種類がある。放線菌はカビなどの体に含まれるキチン質を酵素で分解するので、有害なカビの発生を抑制する働きがある。

また、放線菌のなかには抗生物質をつくるものが多く、感染症を防ぐ医薬品として大いに利用されている。ストレプトマイシンが結核の予防薬として開発されて以来、放線菌から数多くの抗生物質がつくられ、医薬品、農薬、家畜の飼料添加物などに利用されてきた。放線菌には、ストレプトミセス属、ノカルディア属、アクチノプラネス属など8つの属があるが、そのなかでもストレプトミセス属の放線菌が最も多く、抗生物質の約7割は、このストレプトミセス属の放線菌がつくったものといわれている。ストレプトミセス属の放線菌はそのほかにも、強力なタンパク質分解酵素を生産したり、ビタミンB_{12}をつくるなど、人間の体に有益な物質を生産する。

放線菌の病原性

とはいえ、放線菌も有益なものばかりでなく、動植物に害を与えるものもいる。その代表的なものとして、ジャガイモに被害を与える「ジャガイモそうか病」の病原菌がある。また、人間にも感染する「ノカルディア症」は、咳、痰、発熱、呼吸困難など、肺炎によく似た症状が出る病気として知られている。また、「放線菌症」は、口、鼻、喉、肺、胃腸などの体の軟部組織に膿瘍を起こす病気である。

放線菌によってつくられた抗生物質の種類

抗生物質	作　用
ストレプトマイシン	タンパク質合成阻害薬
カナマイシン	タンパク質合成阻害薬
テトラサイクリン	タンパク質合成阻害薬
エリスロマイシン	タンパク質合成阻害薬
リファンピシン	核酸合成阻害薬
ブレオマイシン	核酸合成阻害薬
バンコマイシン	細胞壁合成阻害薬

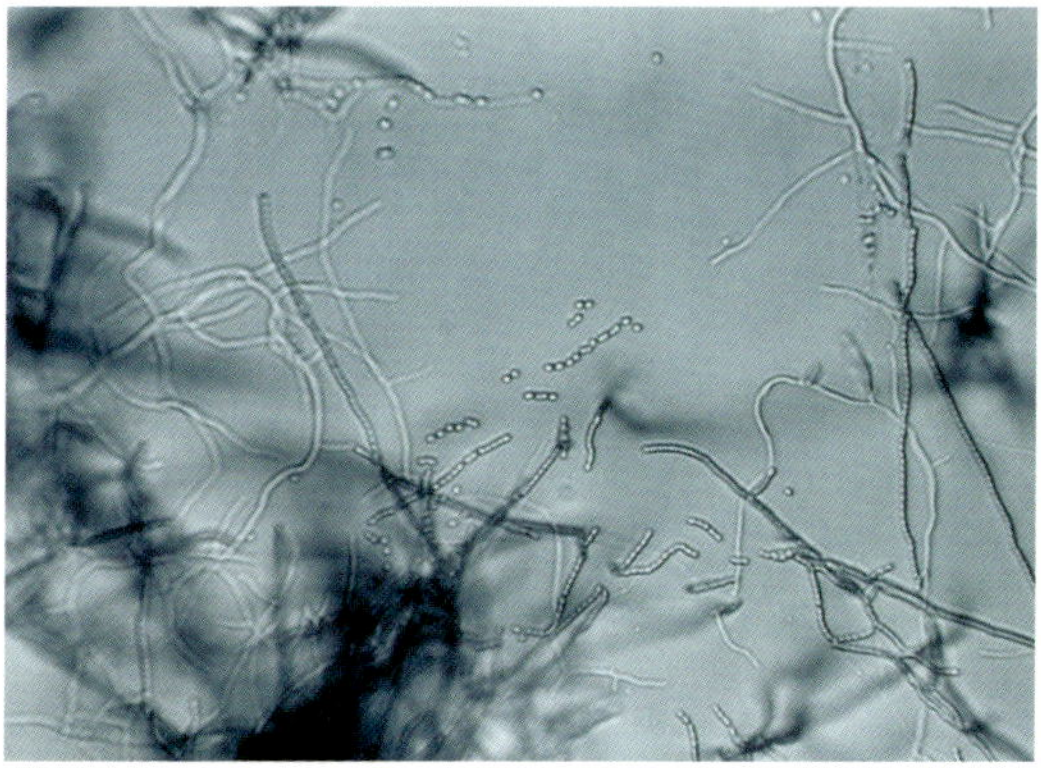

代表的な放線菌ストレプトミセス属の一種

放線菌による農作物の被害

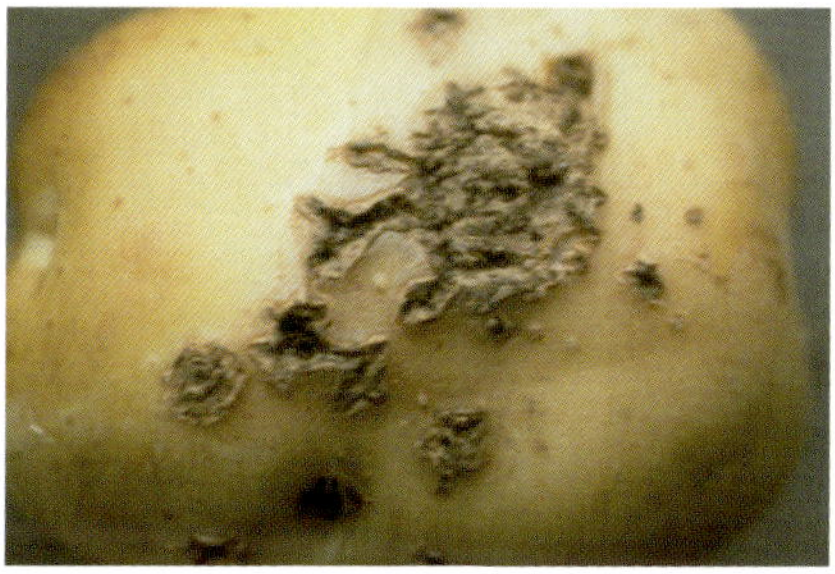

ジャガイモそうか病

実（塊茎）の表面にコルク化した、かさぶた状の病斑をつくる。商品としての価値を低下させる

菌類（カビ・酵母・キノコ）の種類と特徴

菌類の種類

「菌類」とは、一般にカビ、酵母、キノコを総称して呼ぶことが多い。それぞれ見た目の形状がまったく違うので、同じ種類の微生物とは思いにくいが、生態はとてもよく似ており、分類学上は同一のグループに属する。菌糸を伸ばして胞子を形成するものを「カビ」、菌糸は伸ばさずに単細胞の状態で生育するものを「酵母」、菌糸が集まって胞子をつくるための器官（子実体）を形成するものを「キノコ」と呼んで、区別している。

カビのおもな特徴

カビは菌糸と胞子からできており、菌糸の幅は3～10㎛で、伸びた菌糸は肉眼でも見ることができる。カビは形態の違いにより、「藻菌類」「子のう菌類」「不完全菌類」「担子菌類」に大きく分類される。カビは耕地の表土1g当たり、1万～10万程度存在し、数では細菌にこそ及ばないが、重量に換算すると土壌中で最も多く存在している微生物といえる。カビのほとんどは土壌中に生息しているといわれ、細菌や放線菌よりも有機物を分解する能力にすぐれ、土壌中の物質循環に最も大きく寄与している。

しかし植物の病気の80％はカビが原因であり、カビによる病害によって、農作物が多大な被害を受けることがある。たとえば、ジャガイモに感染する「ジャガイモ疫病」、イネに感染する「イネいもち病」などがある。農作物にさまざまな病気をもたらすカビの防除に農家は苦慮している。

酵母とキノコのおもな特徴

酵母は人間の生活において、最も身近な菌類といえる。酵母のなかには糖を栄養にしてアルコール発酵するものがあり、アルコール飲料やパンの生産に利用されている。菌類は胞子をつくって増殖するが、酵母だけは胞子をつくらず、細胞が出芽し、これが分裂することで増えていく。酵母は自然界においては、樹液や樹木のまわりの土壌、空気中、海水中と、幅広い環境の下で生育している。

キノコは、土壌中ではカビと同様に菌糸を伸ばし、胞子をつくって繁殖している。動物や植物の遺体などの有機物を無機物に還元して、再度、土に戻す役割をしている。とくにキノコは、樹木の細胞成分であるリグニンなど、カビや細菌では分解しにくい有機物を、唯一分解することができる特性がある（50頁）。一方、樹木類に感染する「ならたけ病」などの病原となるキノコもある。

カビ・酵母・キノコの形態

カビ

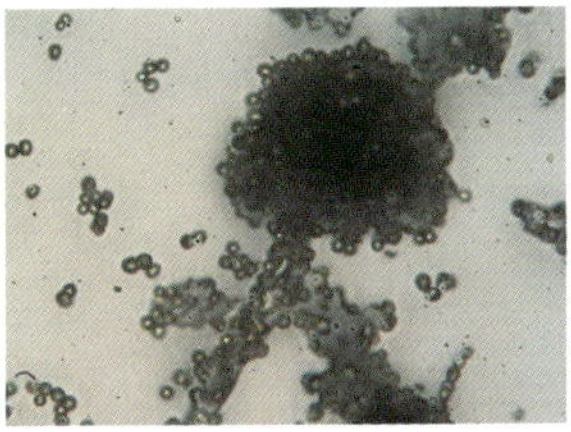

クモノスカビ

酵母

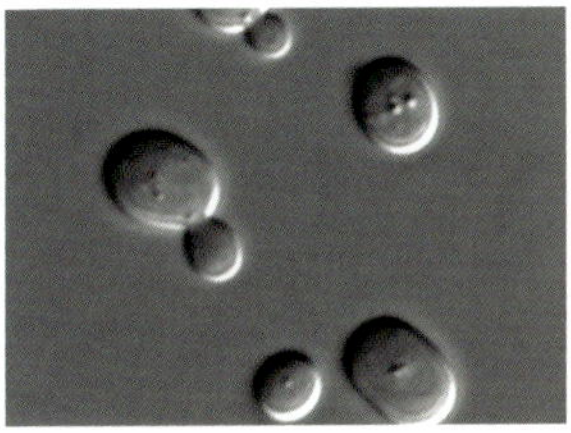

パンをつくるときに使われる
酵母（*S. cerevisiae*）

キノコ

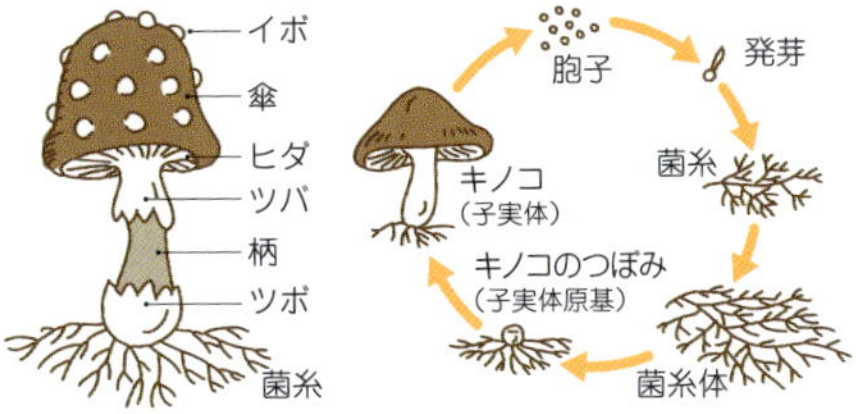

（資料：中島春紫『おもしろサイエンス 微生物の科学』日刊工業新聞社）

カビによる農作物の被害

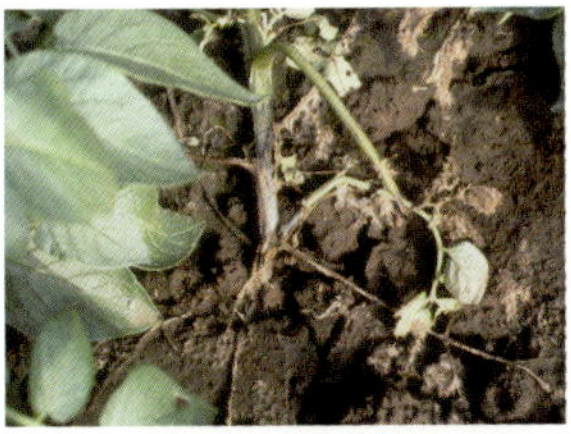

疫病（ジャガイモ）

茎に発生すると暗褐色の病斑が発生する。病斑が周囲を囲むと容易に折れるようになる

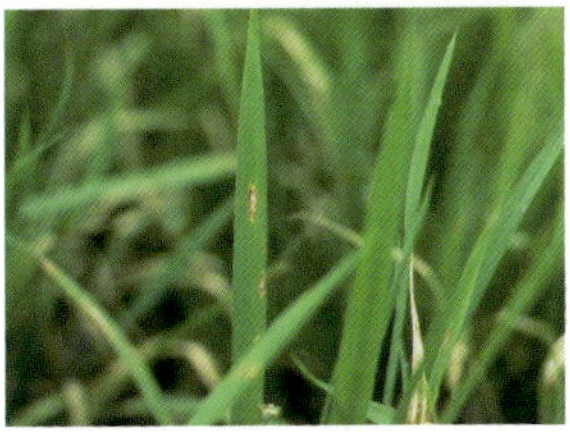

いもち病（イネ）

円形または楕円形の病斑が現れる。若いイネなどでは、病菌の出す毒素のために弱り、萎縮することがある

そのほかの土壌微生物の種類と特徴

藻類の種類と特徴

「藻類」とは、葉緑素などの色素をもち、光エネルギーを利用して二酸化炭素を固定する酸素発生型光合成を行う独立栄養生物のうち、コケ植物、シダ植物、種子植物を除いたものの総称である。藻類はおもに水中に生息するものが多いが、土壌にすむものもいる。湿った土壌の表面には、珪藻、緑藻、藍藻などが生息している。

藻類の大きさは10㎛～１㎜で、単細胞のものから多細胞のものまで、多様な形態をしている。藻類のなかでも「藍藻」は、その成り立ちから細菌に分類されることもある。農耕地の土壌中に藻類は乾土１ｇ当たり１万以下と、カビや細菌に比べると少なくその役割も限定的だが、水田においては光合成により土壌や作物に酸素を供給したり、有機物を与えるなど、藻類の役割はとても重要である。また、藍藻のなかには空中窒素を固定する働きをもつ種類があり、農業関係者から注目されている。

原生動物の種類と特徴

「原生動物」とは、単細胞生物のうち、生態が動物的な生物を総称したものをいうが、明確な分類学上の基準がないため、現在では大まかなグループを表す呼び方になっている。

原生動物も藻類と同じように、畑より水田の土壌に比較的多く生息している。大きさも土壌微生物のなかでは大きく10～１００㎛ほどあり、その形態も、アメーバのように原形質流動によって移動する「肉質虫類」と呼ばれる種類や、ミドリムシのように鞭毛によって移動する「鞭毛虫類」、ゾウリムシのように体表が繊毛で覆われている「繊毛虫類」など、多種多様である。

原生動物は、有機物やそのほかの土壌微生物を摂取して生活しており、土壌の物質循環に大きな役割を果たしている。

ウイルスの種類と特徴

「ウイルス」は、細菌よりもさらに小さく、０・０２～０・３㎛ほどの大きさであり、ほかの生物の細胞を利用して増殖する。体は、遺伝情報であるＤＮＡと、その周囲にあるタンパク質からなるが、そのほかに細胞といえる構造がないため、生物の仲間とは見なされないこともある。しかし、ほかの生物の細胞内に入り込んで増殖するため、いったん植物に感染すると生育に致命的な影響を与えることから、農家にとって、その存在は脅威である。土壌伝染性のタバコモザイクウイルスやキュウリモザイクウイルスなどが知られている。

藻類の種類

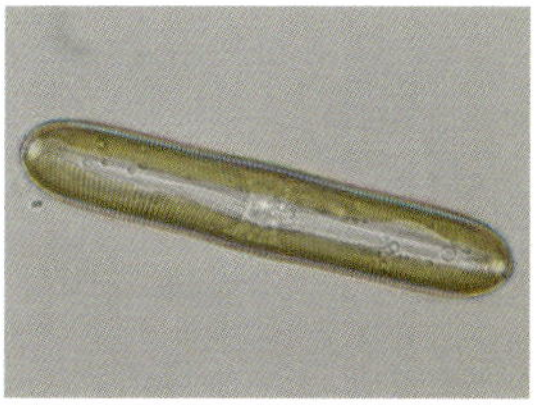

珪藻（ハネケイソウ）

緑藻（ユーアストルム）

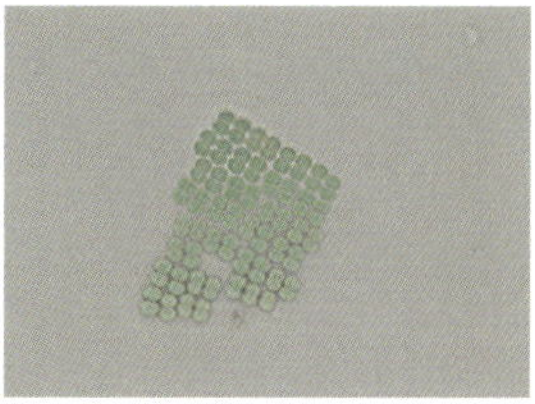

藍藻（メリスモペディア）

原生動物の種類

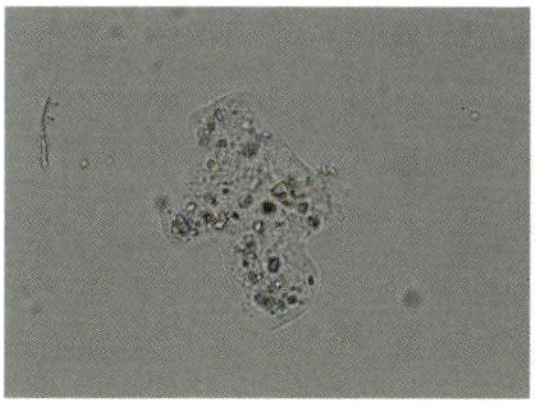

アメーバ（メタカオス）

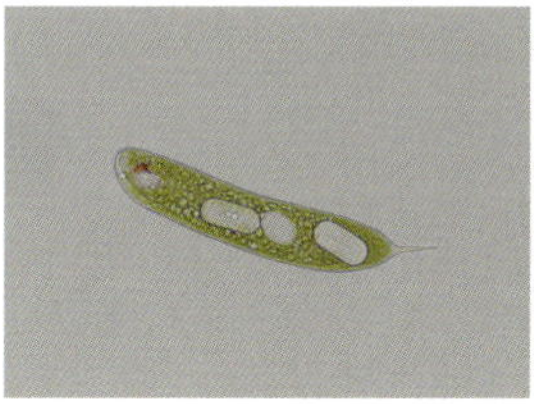

ミドリムシ

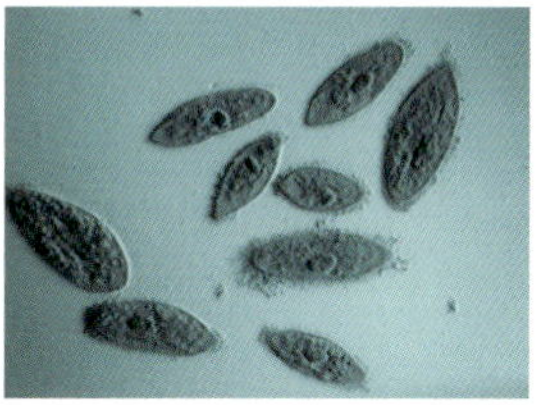

ゾウリムシ

ウイルスによる農作物の被害

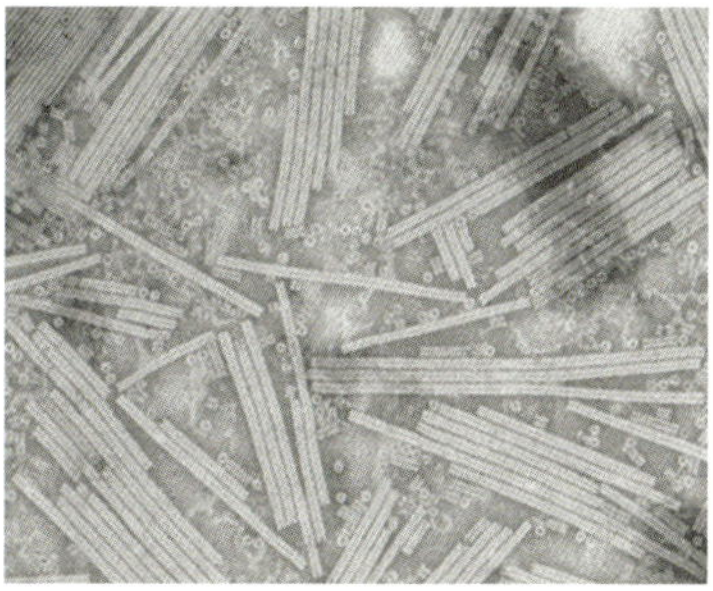

タバコモザイクウイルス（TMV）

タバコモザイクウイルスの被害にあった
タバコの葉

微生物学の創始者たち

●はじめて微生物を発見した人

微生物をはじめて見つけたのは、オランダのレーウェン・フック（1632～1723）とされている。彼はもともと科学者ではなく、洋服の生地商人をしていが、そのかたわら、レンズ磨きを趣味としていた。彼は手先が器用であったこともあり、科学的な興味から簡易的な顕微鏡（現在の顕微鏡の原型）を何個もつくり出し、目に見えない細かいものを次つぎと観察していった。当時の拡大鏡といえば、せいぜい20倍程度の倍率しかなかったが、レーウェン・フックがつくった顕微鏡は50～300倍ほどに達していた。彼はそれを使って、世界ではじめてカビや酵母、藻類、原生動物などの微生物を観察した。

●近代細菌学の父

しかし、レーウェン・フックは学者ではなかったので、それらの微生物の学問的な意義を広げていくことはできなかった。彼の死後、高性能の顕微鏡が開発されるまでのおよそ1世紀以上の間、微生物学に大きな進展は見られなかった。

1800年代に入り、近代的な顕微鏡が開発されはじめ、病気や食品と微生物の関係が考えられるようになった。自然発生説を否定したことで有名なフランスのルイ・パスツール（1822～1895）は、アルコール発酵や乳酸発酵が微生物によるものであることを発見し、低温殺菌法を開発した。また、ドイツのロベルト・コッホ（1843～1910）は、炭素病の病原菌を発見し、伝染病は特定の病原菌が原因であることを提唱した。後にこのふたりは「近代細菌学の父」と呼ばれるようになり、ともに微生物学の礎を築いた。

●レーウェン・フックがつくった顕微鏡の模式図

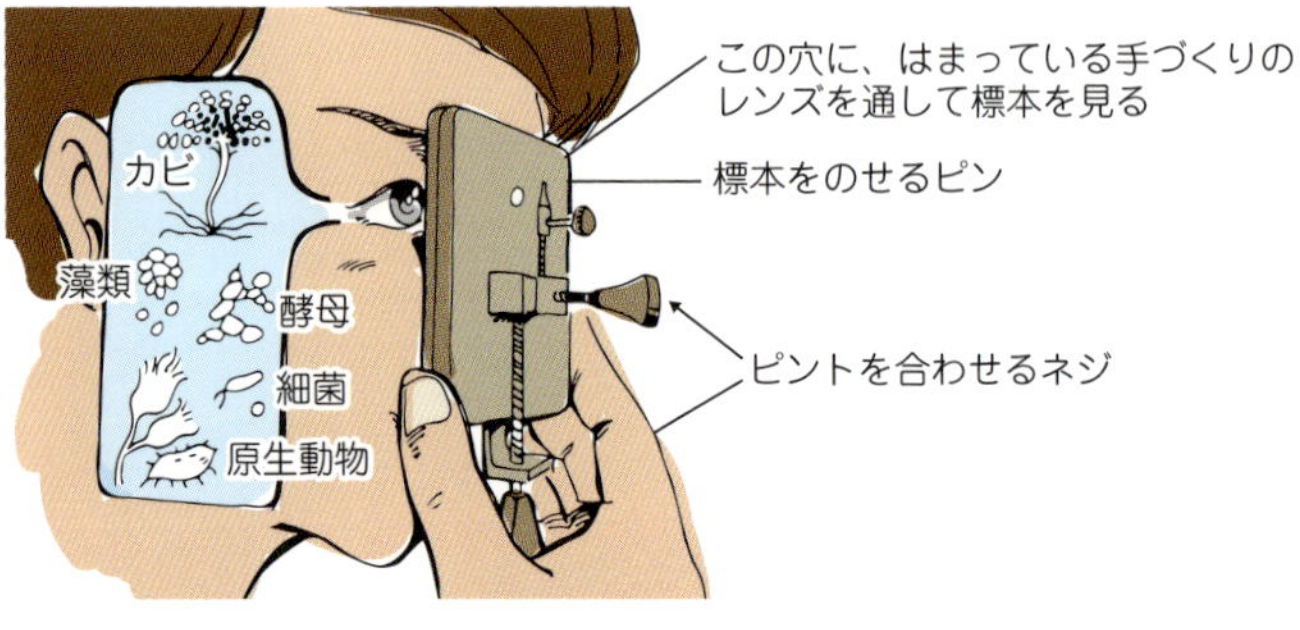

自然界における土壌微生物の役割

自然界の物質循環と土壌微生物

物質循環における土壌微生物の役割

　植物は太陽エネルギーを利用して水と二酸化炭素から酸素を生産し、根からは養分としてリン、窒素、カルシウム、マグネシウムなどの無機元素を吸収して有機物である自らの体をつくっている。大部分の動物は植物によって生産された酸素を使い、また植物などの有機物を摂取することで活動に必要なエネルギーと細胞成分をつくるのに必要な栄養を獲得している。植物や動物はやがて落ち葉や遺体となって土にかえり、その有機物は土壌中の微生物によって無機物に分解され、再び土壌中に無機元素が戻っていく。このように生物が生きるために必要な元素は、大気、陸地、海の間を植物、動物、微生物を通してぐるぐるとまわっており、これを「物質循環」と呼ぶ。

　植物による有機物の合成も、微生物による有機物の分解も、おもに土壌で行われることから、物質循環の中心は土壌であるといってもよい。土壌には、細菌、菌類（カビ、酵母、キノコ）、藻類、原生動物などの土壌微生物と、それよりも体の大きな土壌動物（ミミズやトビムシなど）が生息している。土壌動物は動植物の遺体である有機物を細かく分解し、土壌微生物による有機物の無機化を手助けする働きをしている。どちらも自然界の物質循環に大きく寄与している。

食物連鎖と土壌微生物

　自然のなかにおいて、有機物を生産する植物を「生産者」、生産者である植物を摂取する動物を「消費者」と呼び、微生物は「分解者」または「還元者」と表すことがある。植物を草食動物が食べ、草食動物を肉食動物が食べ、生産者と消費者の遺体は分解者である微生物が食べる。このように、すべての生きものは、「食べる」「食べられる」の関係のうえに成り立っており、これを「食物連鎖」と呼ぶ。食物連鎖には、生きている植物を動物が食べることからはじまる「生食連鎖」と、動植物の遺体である有機物を土壌微生物が分解するところからはじまる「腐植連鎖」といった分け方がある。

土壌微生物は生態ピラミッドの土台

　一般的に食物連鎖の下位に位置するほど個体は小さく、個体数が多くなり、上位にいくほど個体は大きく、個体数が少なくなる。これを図で表すとピラミッド型になることから、「生態ピラミッド」と表現される。たとえば、土壌微生物が農薬の影響などにより激減すると、ピラミッドの底辺の面積が小さくなることから生態ピラミッドの土台がくずれ、いずれは上位を含めた生態系全体に悪影響を及ぼすことになる。

生態系と食物連鎖

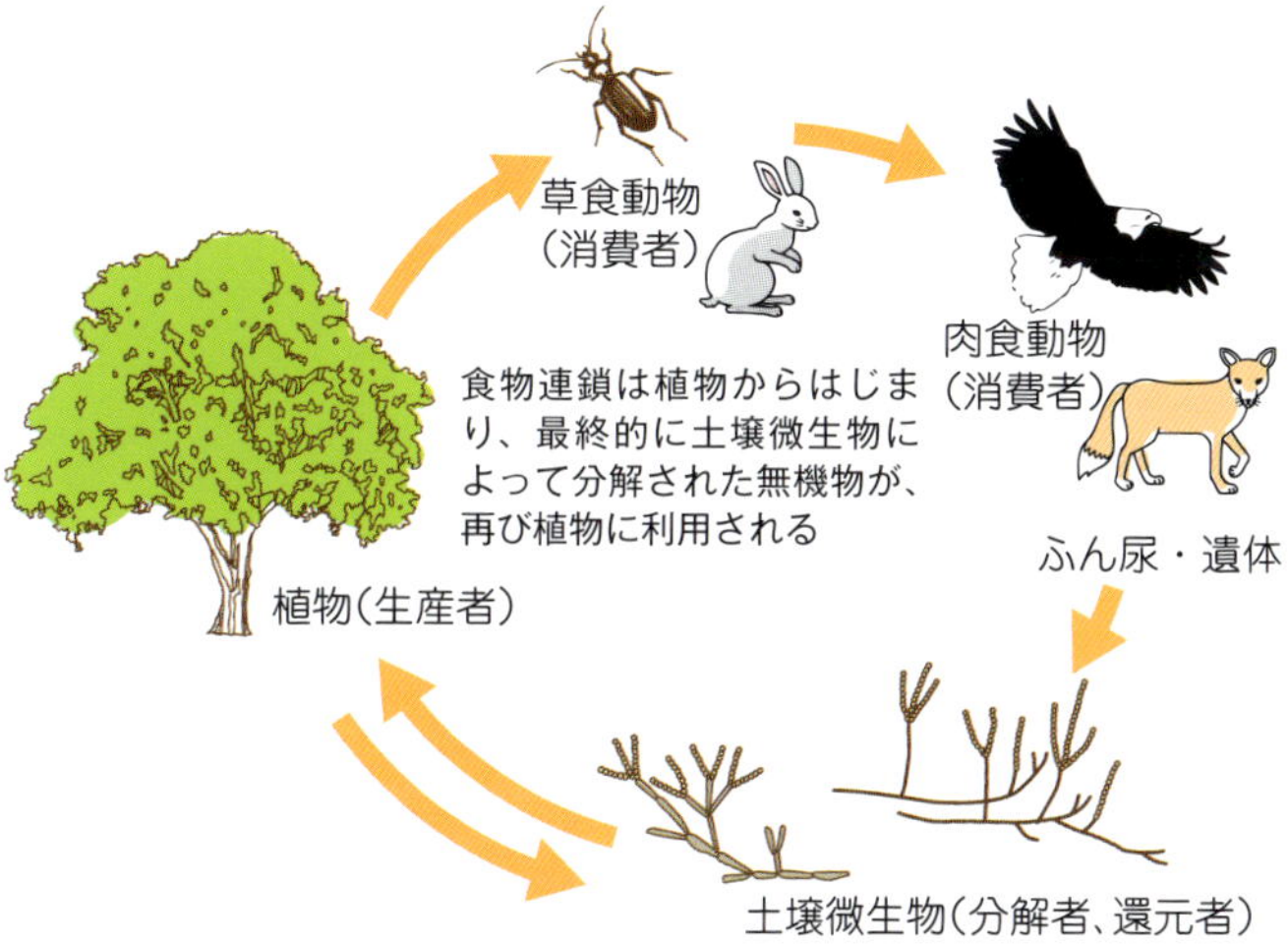

生態系の構成要素と生態ピラミッド

- 生態系
  - 生物群集
    - 生産者：光合成植物
    - 消費者：動物、大型菌類 ― 一次消費者／二次消費者／高次消費者
    - 分解者：有機栄養微生物
  - 非生物環境
    - 媒質：水、空気、土壌、温度、風、水流
    - 基層：岩石、礫、砂、粘土、泥土
    - 代謝材料：光、炭酸ガス、水、酸素、無機塩類、有機酸など

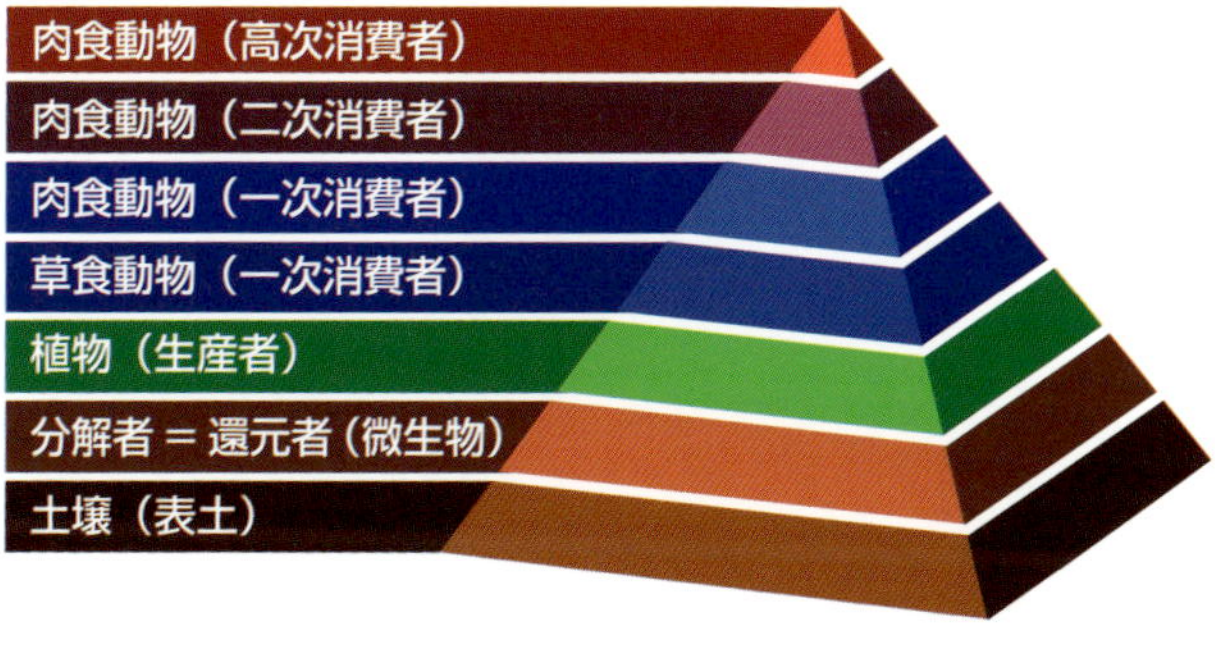

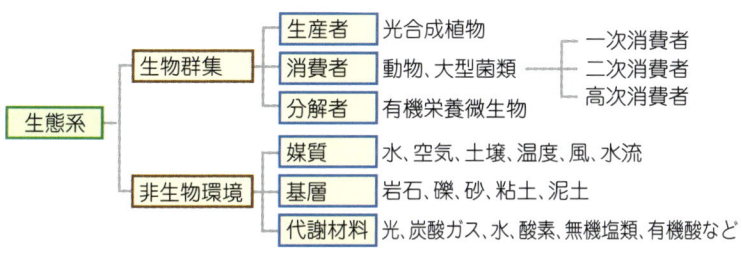

自然界における炭素とリンの循環

炭素の循環

地球上には陸地と海と大気があり、炭素、窒素、リンなど生命活動に必要な元素は、それらの間をぐるぐると形を変えながら循環している。

炭素は、自然界においては二酸化炭素、メタン、有機物、化石燃料、岩石などの形で存在している。大気中では炭素はおもに二酸化炭素として約７５００億t存在しているが、これらは植物の光合成によって有機物になる。陸上植物によって吸収される炭素の量は、年間１０００億tに及ぶといわれている。植物は光合成を行う一方、呼吸のために二酸化炭素を放出するので、その分は再び大気中に戻される。一方、植物に蓄積された有機物は、やがて動物に食べられたり、枯れて遺体となって土壌微生物に分解される。このとき動物も土壌微生物も呼吸のために、やはり大気中に二酸化炭素を放出する。土壌微生物によって分解された有機物のなかの炭素は、最終的に二酸化炭素やメタンの形となって再び大気中に放出される。このように、炭素は地球上で、大気－植物－動物－土壌微生物の間を一定のバランスを保って循環している。

しかし現在、地球上では化石燃料を消費する量が増え、大気中の二酸化炭素濃度が上昇している。化石燃料による二酸化炭素放出量は、植物が二酸化炭素を固定する量の10分の１に及ぶといわれている。また、多くの微生物がすむ土壌はアスファルトなどで舗装されたり、植物も伐採され少なくなり、徐々に土壌微生物が生息しにくい環境となってきている。本来ならば安定した炭素循環のバランスが、近代化による人間の行為によって少しずつくずれはじめている。

リンの循環

リンは細胞内のＤＮＡやリン脂質の構成成分で、エネルギー代謝や光合成に欠かせない重要な元素である。リンは土壌中ではりん酸塩として存在し、植物の根によって吸収される。その植物を動物が摂取し、やがてそれらの排泄物や遺体が土壌微生物によって分解され、再びリンは土壌へ戻ってくる。しかしこのリン酸塩は土壌中にとどまりにくく、雨水によって流出してしまうものが多い。流出したリン酸塩は河川を経てやがて海に入り、植物プランクトンに食べられ、そのあとは非常にゆっくりとした物質循環のサイクルに突入する。

一方、土壌中には植物の養分となるリンが不足がちになるが、土壌中のリン溶解菌は植物に吸収されやすいリン酸塩をつくり出したり、ＶＡ菌根菌は土壌中のリンを共生相手の植物に提供している。植物は微生物の助けを借りて、希少なリンを養分として有効に取り入れている。

炭素の循環

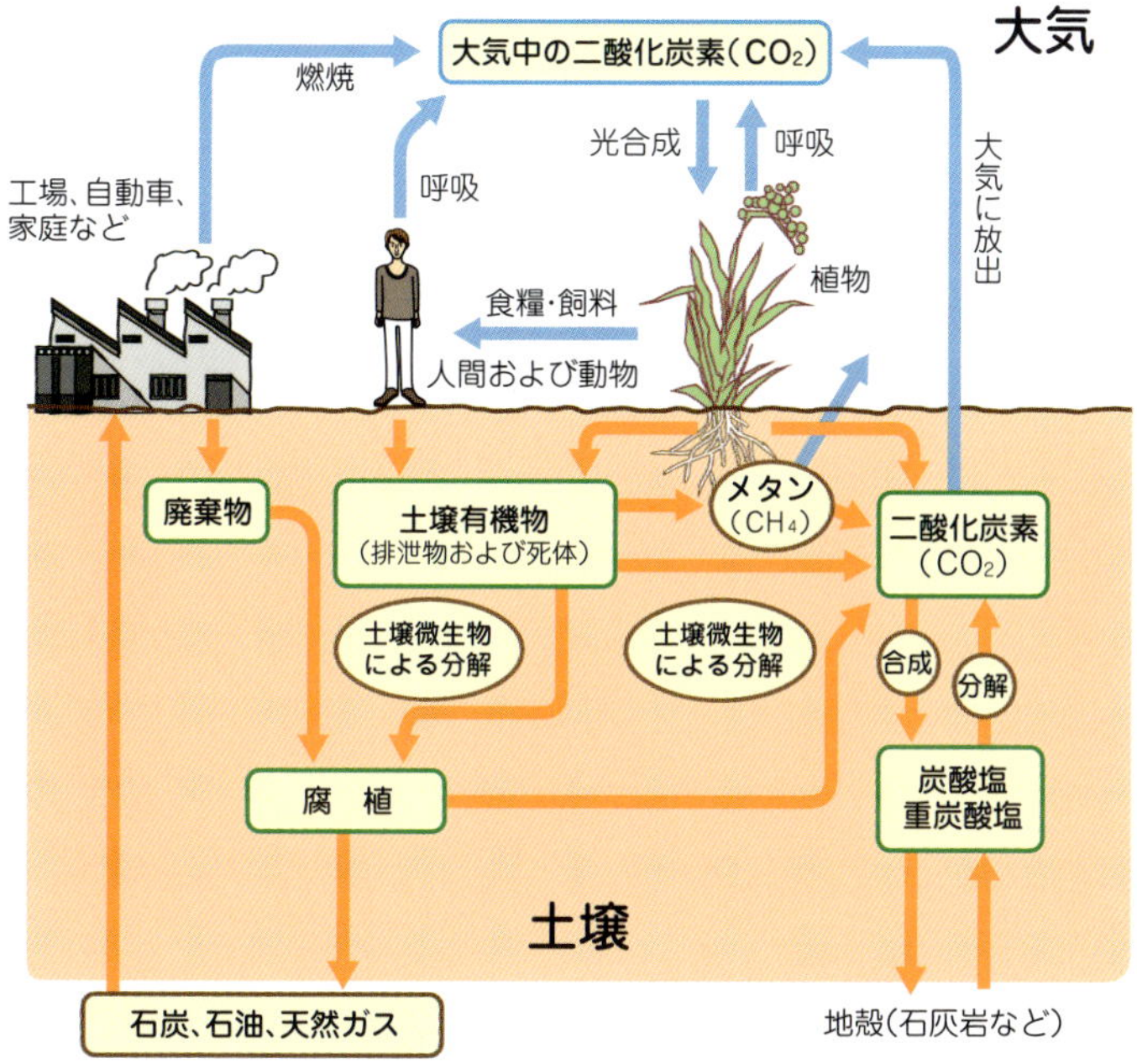

（資料：藤原俊六郎『新版 図解 土壌の基礎知識』農文協）

リンの循環

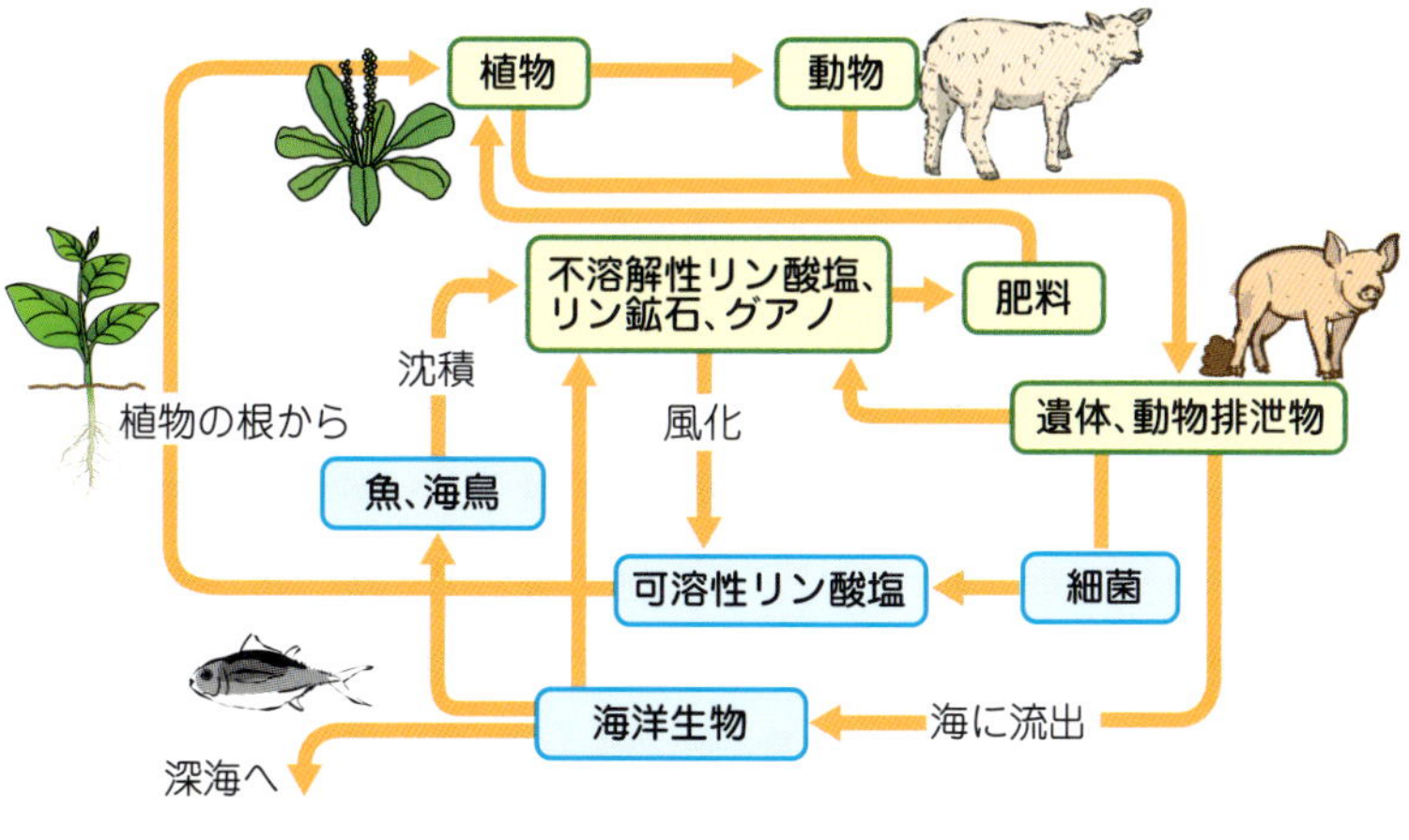

（資料：日本土壌微生物学会『新・土の微生物』博友社）

自然界における窒素の循環

形態を変えて循環する窒素

窒素は、タンパク質を構成するアミノ酸や、遺伝情報をつかさどるＤＮＡを構成する核酸など、多くの細胞成分の構成要素となる重要な元素である。

大気の約80％（約３８００兆ｔ）は窒素ガスであり、炭素やリンと同様、陸地と海と大気の間をさまざまな形態（窒素化合物）に変化しながら循環している。しかし大気中の窒素ガスは、炭素ガスと違って植物によって直接利用することができない。そこで土壌微生物が、大気中の窒素ガスを固定する（窒素ガスを硝酸塩やアンモニウム塩に変換する）ことで、植物が窒素を利用できるようになり、物質循環の流れが保たれている。また、大気中の窒素ガスは、雷などによって化学変化を起こし、窒素酸化物（一酸化窒素、亜硝酸、硝酸など）となって雨に混ざり土壌に降り注ぐこともある。

一方、動植物の遺体などの有機物中の窒素化合物は、有機栄養微生物によってアンモニウム塩に分解され、土壌に蓄積される（なかには脱窒菌の作用によって大気中に放出される窒素もある）。土壌中のアンモニウム塩は土壌微生物の働きにより、亜硝酸塩や硝酸塩に変えられ（硝化作用）、再び植物が利用できる形態に変化する。

このようにして土壌に蓄積した窒素は、植物の根から養分として吸収され、再び有機物となり、それを動物が摂取し、また遺体となり、食物連鎖によって物質循環が行われていく。

空中窒素を固定する微生物

大気中の窒素ガスを固定する微生物を「窒素固定菌」と呼ぶが、窒素固定菌には、植物の根に共生している微生物と、単独で生育している微生物の2種類が存在する。前者を「共生的窒素固定菌」と呼び、マメ科植物と共生する根粒菌や、非マメ科植物と共生するフランキアと呼ばれる放線菌などが代表例である。一方、後者を「非共生的窒素固定菌」と呼び、好気性菌であるアゾトバクターや、嫌気性の光合成細菌（紅色硫黄細菌、緑色硫黄細菌など）などが含まれる。

共生的窒素固定菌としてよく知られる根粒菌は、ダイズなどのマメ科植物の根に共生して生息しているが、根粒菌は固定した窒素を植物に養分として供給するかわりに、植物からは糖分をわけてもらい、互いにもちつもたれつの関係が成立している。ダイズ以外にもほかのマメ科植物（エンドウ、アズキなど）も根粒菌と共生している。

植物の種類ごとに共生できる根粒菌の種類は決まっており、それぞれ特定の組み合わせ同士のみが共生関係となりえる（74頁）。

窒素の循環

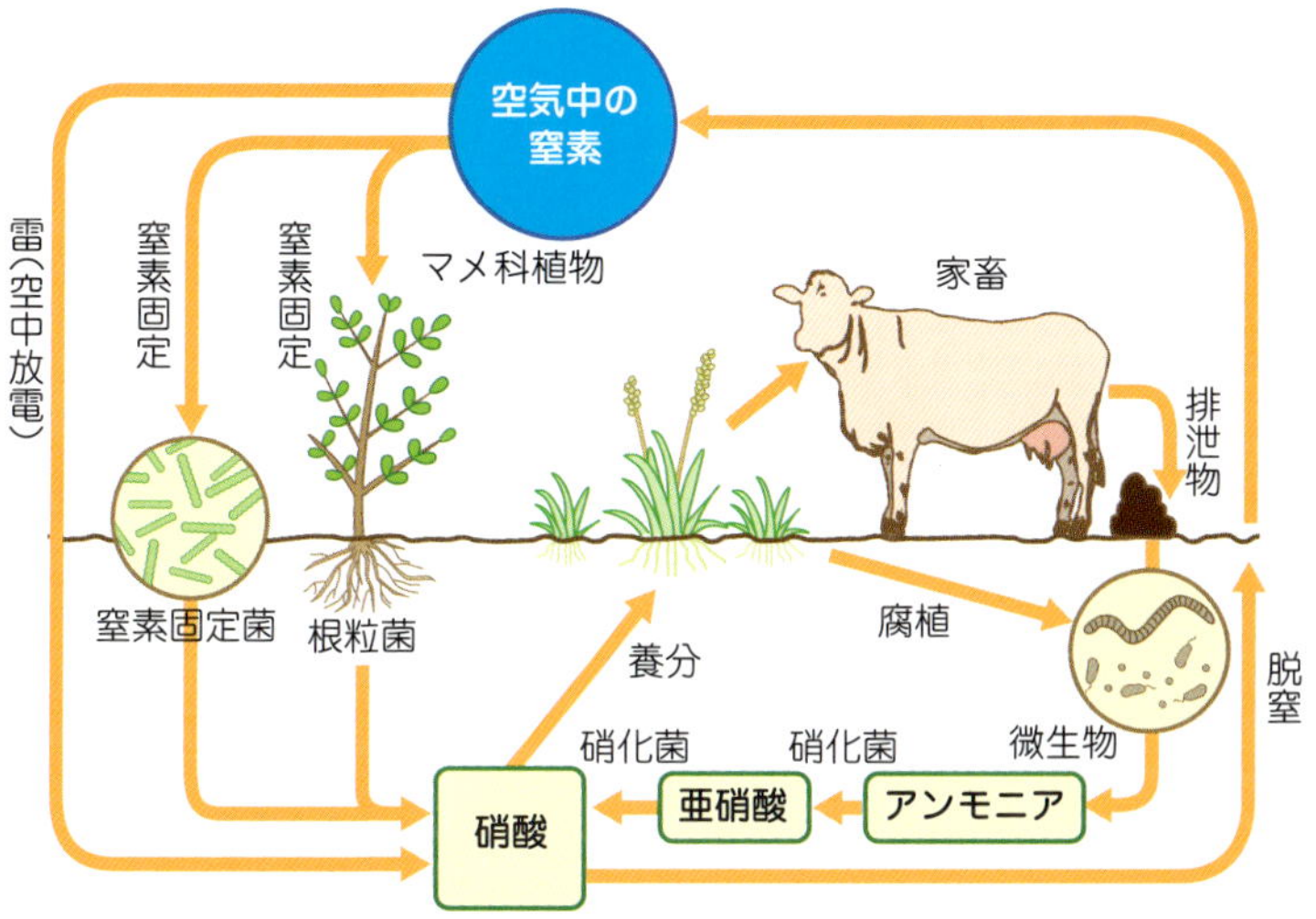

窒素固定菌の分類と種類

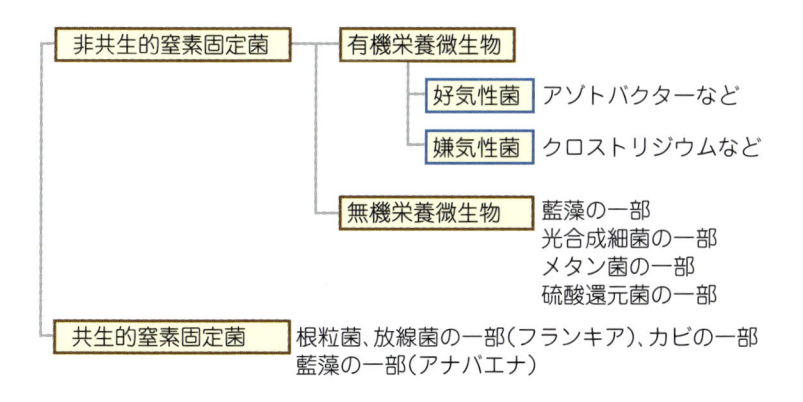

- 非共生的窒素固定菌
  - 有機栄養微生物
    - 好気性菌　アゾトバクターなど
    - 嫌気性菌　クロストリジウムなど
  - 無機栄養微生物　藍藻の一部
    光合成細菌の一部
    メタン菌の一部
    硫酸還元菌の一部
- 共生的窒素固定菌　根粒菌、放線菌の一部（フランキア）、カビの一部
  藍藻の一部（アナバエナ）

（資料：『新版　土壌肥料用語事典（第２版）』農文協）

土壌中における窒素の形態変化

土壌微生物は窒素循環のかなめ

これまでに述べたように、窒素はさまざまな形態に変化しながら、陸地と海と大気の間を循環している。その際に土壌微生物は、空中窒素固定、硝化作用、脱窒、窒素の無機化および有機化など、窒素の形態変化にかかわるどの過程においても、重要な役割を担っている。

窒素の無機化と有機化

植物や土壌微生物の細胞には、タンパク質や核酸などの形で窒素成分が含まれているが、土壌微生物がこれらを含む有機物を摂取すると、必要以上に窒素を摂りすぎてしまうこともある。そのため土壌微生物は、体内で合成したあまった有機窒素を、再び無機窒素であるアンモニウム塩に変えて体外に放出する働きがあり、これを土壌微生物による「窒素の無機化」と呼んでいる。

また逆に、体内の窒素成分が不足すると、土壌中に存在するアンモニウム塩などの無機窒素を体内に取り入れ、それによって有機物を合成して自らの細胞成分をつくっている。これを「窒素の有機化」と呼んでいる。

このように、土壌中において窒素は、土壌微生物の働きによって「有機窒素」から「無機窒素」に、そして「無機窒素」から「有機窒素」に形態を変えながら循環している。

硝化作用と脱窒

土壌中には、硝化作用を行う「硝化菌」と呼ばれる微生物が生息している。動植物の遺体などを土壌微生物が分解すると、窒素源としてアンモニウム塩がつくられるが、アンモニウム塩の形態のままでは、植物の根に吸収されにくい。土壌中の硝化菌は、このアンモニウム塩を亜硝酸塩に変え、さらにそれを硝酸塩に変えて（硝化作用）、活動に必要なエネルギーを獲得し、植物はこの硝酸塩を根から取り入れている。

硝酸塩は水に溶けやすいため、土壌粒子に吸着しにくく、植物の養分として吸収されずに土壌に残った分は、地下水へと流出してしまうことが多い。しかし水田など、酸素が少ない土壌においては、「脱窒菌」と呼ばれる嫌気性菌が、硝酸塩に含まれる酸素成分を呼吸に利用し、それにより窒素ガスを生成して大気中に放出させる。この脱窒菌は、酸素がある条件下では通常の酸素呼吸を行うが、酸素のない条件下でも硝酸塩があれば生育できる。

このように窒素は土壌中で、微生物の作用により有機物⇒アンモニウム塩⇒硝酸塩⇒窒素ガスと形態を変化させる。

窒素の無機化と有機化

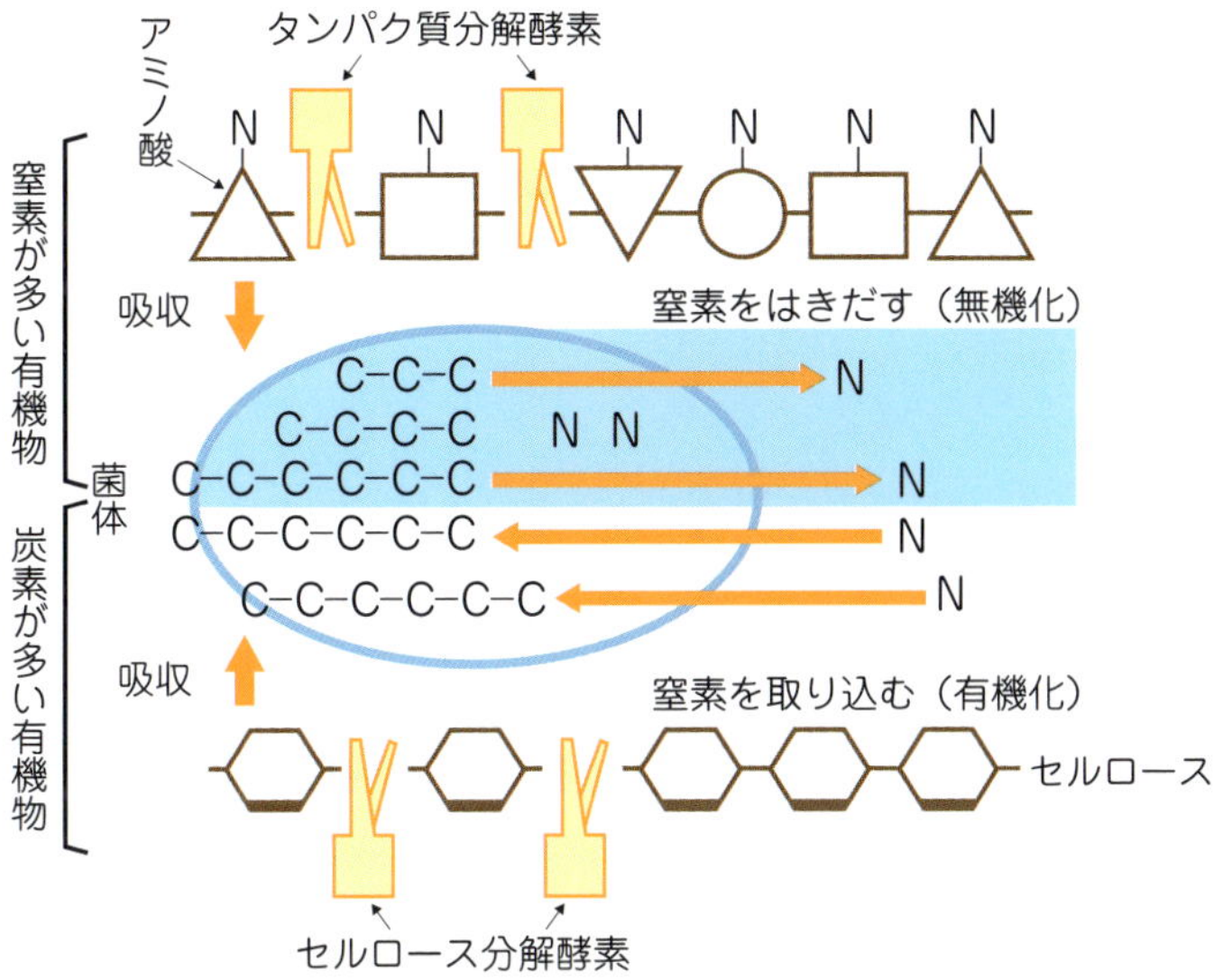

（資料：西尾道徳『土壌微生物の基礎知識』農文協）

水田における窒素固定・硝化作用・脱窒

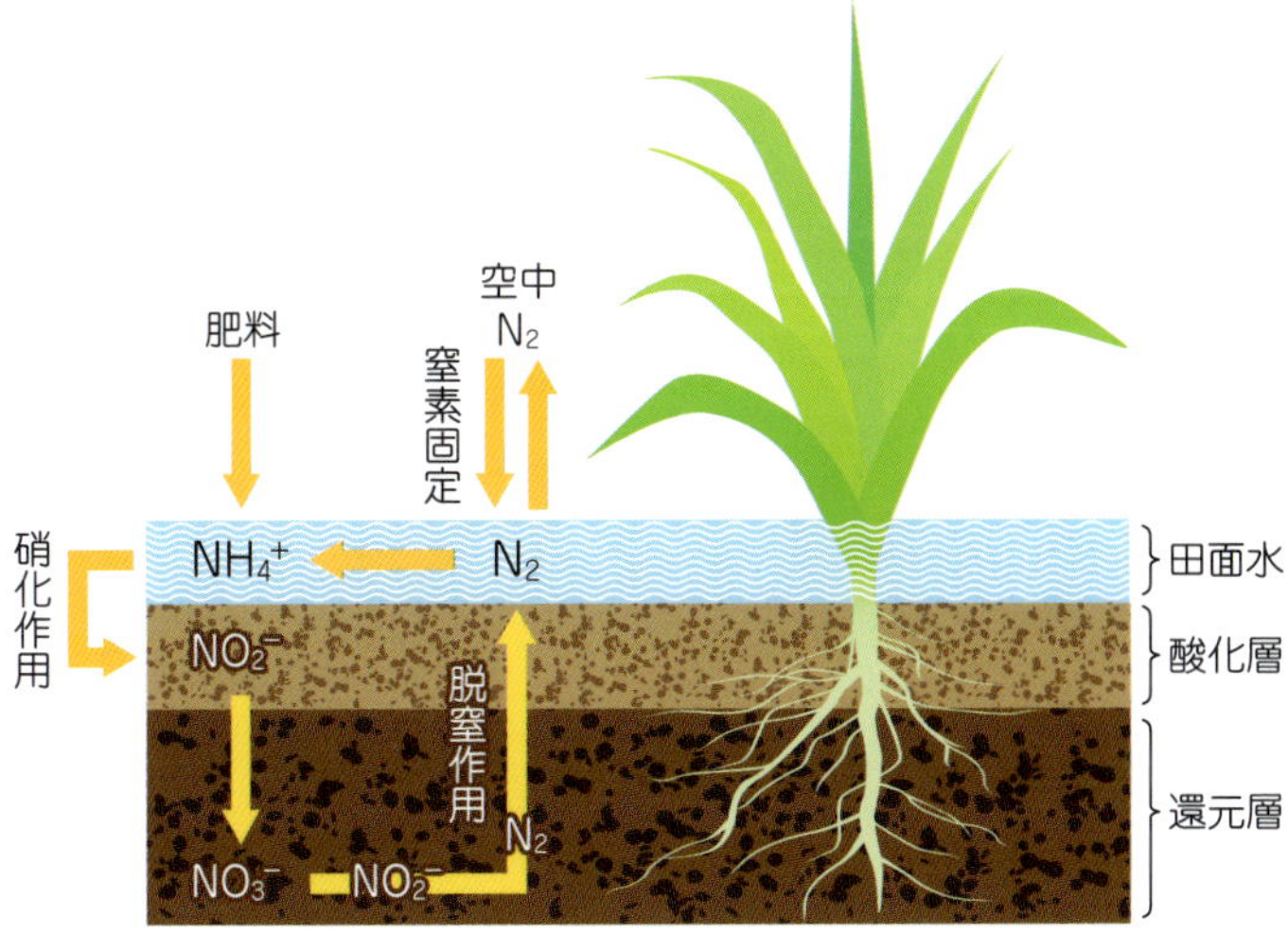

窒素固定	N_2 ➡ NH_4^+
硝化作用	NH_4^+ ➡ NO_2^- ➡ NO_3^-
脱窒作用	NO_3^- ➡ NO_2^- ➡ NO ➡ N_2O ➡ N_2

土壌微生物の豊かさの診断法が誕生

●課題となっていた生物性の評価

土壌の豊かさを表す①化学性、②物理性、③生物性のうち、③生物性については、これまでほとんど調べることができなかった。

なぜなら、土壌1g当たり数億～数兆の微生物が存在し、その種類は千種類以上であり、しかもほとんどが新種だから。人間が機能を証明できている微生物は土全体からするとほんのわずかであり、たとえ人間が知っているわずかな種類の微生物を取り上げてその数を数えたところで、その土壌の生物性として評価していることにはならない。そのため、土壌の生物性をなんらかの方法で評価することが重要な課題となっていた。

●土壌微生物多様性・活性値に注目！

そんななか、(独)農研機構の横山和成氏が発見した複雑系の動的評価原理をもとに株式会社ＤＧＣテクノロジーが土壌微生物の多様性と活性を総合的に数値化し、土壌の生物性を客観的に評価する診断法を開発した。これは、土壌に「どんな種類の微生物」が「何個いて」「何をしているか」はあえて問わず、土壌にいる「微生物全体で」「どのように有機物を分解できたか」という結果に着目した評価システムである。

評価の方法は、①サンプルの土壌を中性の純水に入れて薄めたものを、95種類の有機物(微生物のエサ)がくぼみに入れられている試験用プレートに注ぐ、②温度を一定に保つ専用のロボットに試験プレートをセットし、15分間隔で48時間にわたり連続的に、各有機物が分解される速度を調べる、というもの。こうして、微生物による有機物分解の多様性（いかにいろんな種類の有機物を分解できたか）と活性（いかに勢いよく有機物を分解できたか）の両方を合わせて計測した値が、土壌微生物多様性・活性値となる。分析の価格は、通常分析の場合1サンプル3万円、あくまでめやすだが1サンプル1万2,800円の簡易サンプルもある。

土壌微生物多様性・活用値の判定例

生物的に豊かな土

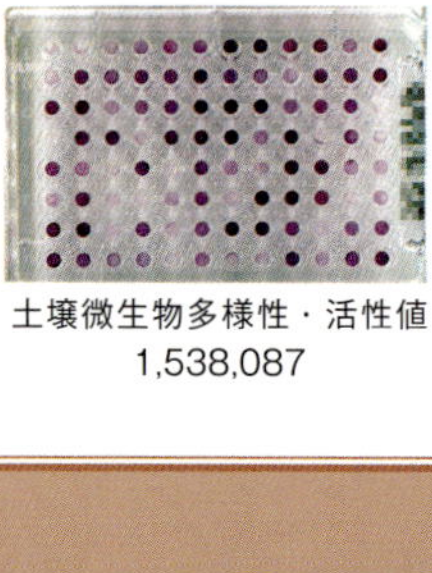

土壌微生物多様性・活性値
1,538,087

生物的に貧しい土

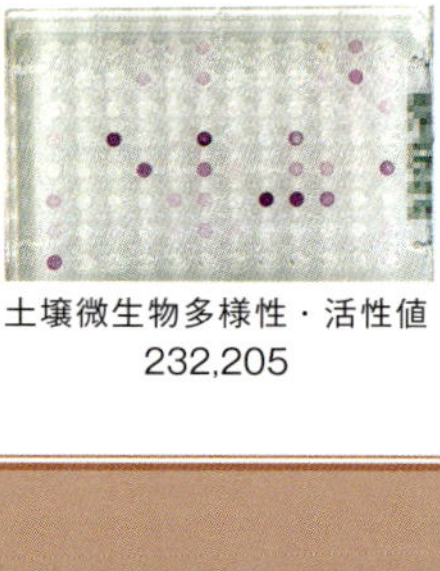

土壌微生物多様性・活性値
232,205

注：土壌微生物多様性・活性値の平均は約800,000

（写真：㈱DGCテクノロジー）

第4章 有機物を必要とする土壌微生物

土壌有機物と微生物

土壌有機物の役割

土壌中には、細菌、菌類（カビ、酵母、キノコ）、放線菌、藻類などの土壌微生物と、ミミズやモグラなどの土壌動物が数多く生息しているが、そのほとんどは人間と同じように、ほかの生きものから有機物を摂取して生きている。土のなかの有機物はほとんどが土壌微生物によって分解されるが、植物遺体の細胞成分であるリグニンなどは、土壌微生物によっても分解されにくく、土壌中に蓄積する。しかしこれらの難分解性物質も徐々に分解されてゆき、やがて再合成されて「腐植」と呼ばれる土壌有機物が形成される。腐植は土の粒子と結合して団粒構造をつくり、肥沃な土壌をつくる（94頁）。

土壌微生物は土を豊かにする

土壌有機物は、動植物の遺体やその分解産物である「非腐植物質」と、土壌特有の暗色無定形の高分子化合物である「腐植物質」から構成されている。腐植は、土の粒子とただ単に混ざり合っているわけではない。土には、粘土と砂の中間の性質をもった「シルト」と呼ばれる粒子があり、そのシルト同士が、腐植や粘土鉱物が接着剤のような働きをして互いにくっつき合い、小さな土のかたまりをつくる（一次団粒）。この小さな土のかたまりはさらに集まって大きなかたまりになる（二次団粒）。これらの構造をもった土壌では、さまざまな大きさの空気のすき間が生じるため、水や養分を適度に保持しつつ、通気性、排水性のよい土壌となる。

土壌中に植物の遺体などの有機物が豊富にあると、それをエサとする土壌微生物が増えるのは当然であるが、土壌有機物によって形成された腐植が増えれば、団粒構造の土壌がつくられるため、植物がよく生育するようになり、それによって土壌微生物のエサとなる有機物がまた増え、さらに土壌微生物が増えていく。このように土壌微生物は、土壌有機物、腐植、団粒構造の形成に深く関与している。

自然界と農耕地での土壌有機物の蓄積

自然界の土壌においては、動物や植物は死んで遺体になると、有機物として土壌に蓄積されるため、土壌は肥沃になっていく。しかし農耕地の土壌では、育った作物は収穫されてしまい、植物の遺体が土壌に戻ることはない。そのため、有機物の蓄積量は年々徐々に減少してゆき、土壌微生物の数もそれにより減っていってしまう。そのため農家では、定期的に有機物の施用を行い、土を耕して団粒化させ、土壌微生物にとって生育しやすい環境を保持している。

土壌中の有機物の分類

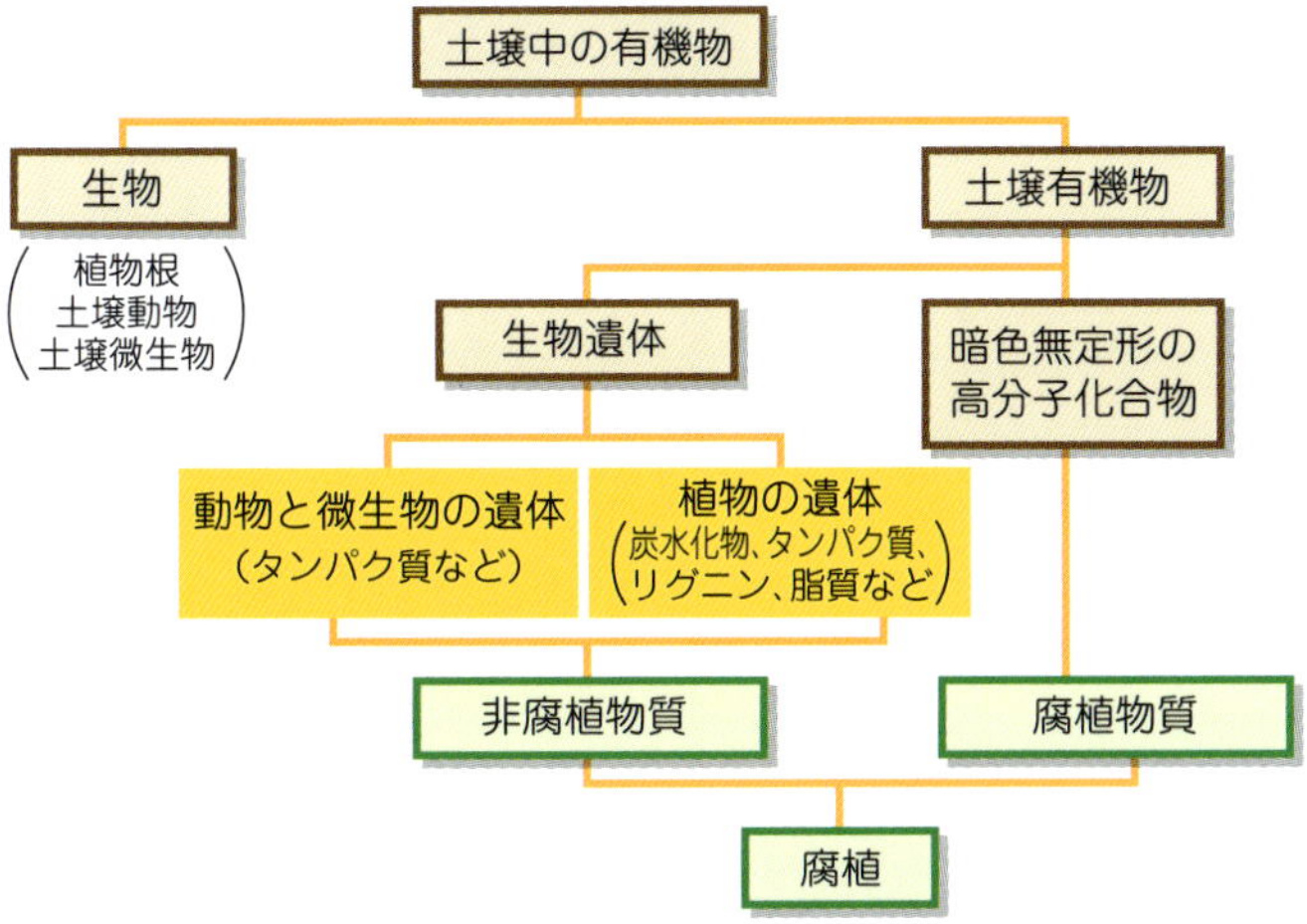

（資料：藤原俊六郎『新版 図解 土壌の基礎知識』農文協）

団粒構造の成り立ち

●土壌有機物を豊富に含む土壌

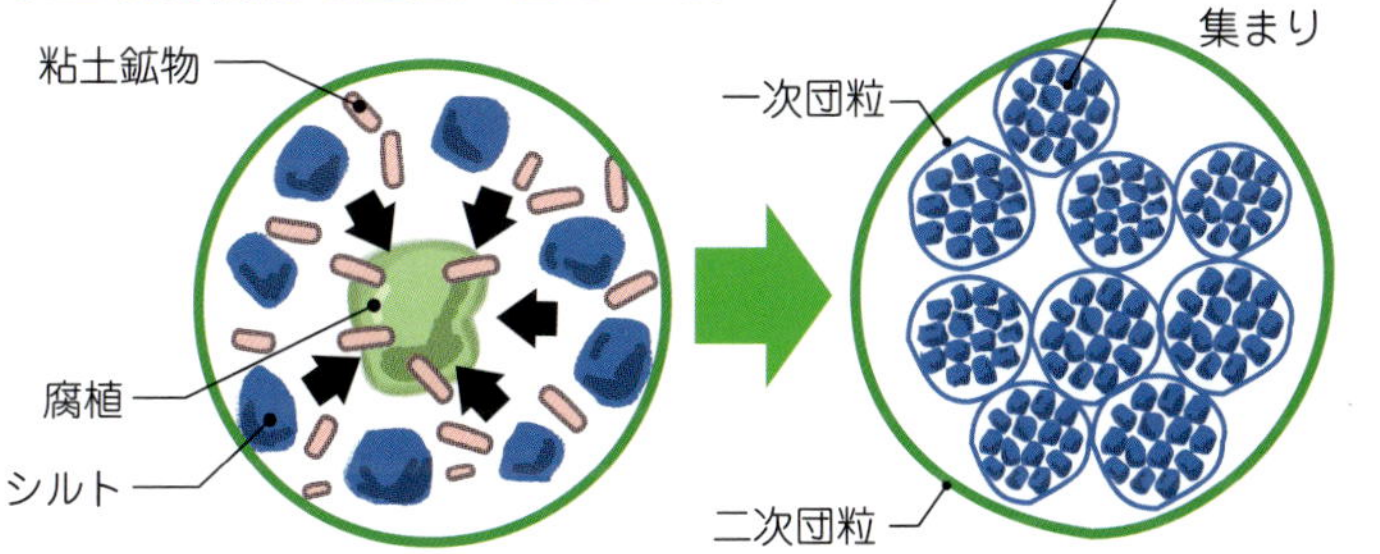

シルト同士が、腐植や粘土鉱物が接着剤のような働きをして互いにくっつき合い、小さな土のかたまりをつくる（一次団粒）。小さな土のかたまりはさらに集まって大きなかたまりになる（二次団粒）

●土壌有機物を含まない土壌

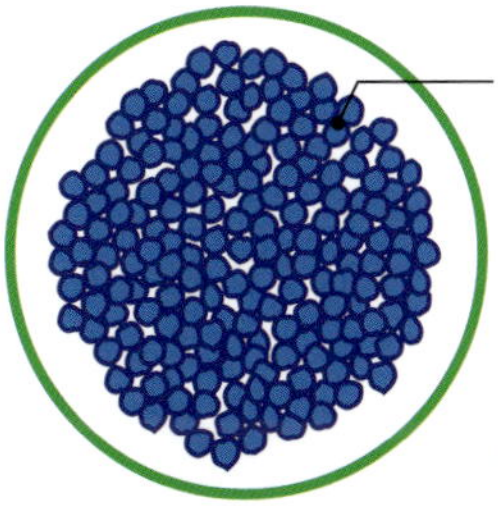

土の粒子ばかりの集まりでは、空気のすき間が少ないため、通気性や排水性のわるい土壌となる

有機栄養微生物のタイプ

有機栄養微生物と無機栄養微生物

土壌微生物のなかで、活動に必要なエネルギーと、細胞成分となる炭素源を、すでに合成されている有機物から獲得する微生物を「有機栄養微生物（従属栄養微生物）」と呼ぶ。一方、エネルギーは無機物の酸化や光エネルギーから得て、炭素源は二酸化炭素を固定して自らの有機物を合成する微生物を「無機栄養微生物（独立栄養微生物）」と呼ぶ。土壌では、有機栄養微生物のほうが無機栄養微生物よりも圧倒的に多く存在し、土壌微生物の90％以上を占めているといわれている。

腐生微生物と共生・寄生微生物

有機栄養微生物は、ふたつの種類に分類される。ひとつは、動物や植物の遺体など、生命のない物質からエネルギーや栄養を獲得する微生物で、「腐生微生物」と呼ぶ。土壌微生物のほとんどは、このグループに属する。もうひとつは、ほかの生きている生物の体内に侵入して有機物を獲得する微生物で、「共生・寄生微生物」と呼ぶ。

侵入される側の生物を「宿主」というが、侵入する微生物と宿主が、双方もしくは片方が利益を得るために接近して生活することを「共生」と呼び、片方のみが利益を得て、他方は不利益を被る場合を「寄生」と呼ぶ（68頁）。

共生微生物の代表例は、植物の根について生育する根粒菌や菌根菌で、これらの微生物は植物から養分として有機物の糖をもらうかわりに、植物に窒素やリンを与えて、互いに利益を与え合って生きている。

一方、寄生微生物の代表例は、植物に感染する病原菌で、微生物は宿主の植物から一方的に養分などをもらって得をするが、植物はなんの利益も得ず、生育不良となり、不利益を被る。

有機栄養微生物のエサは糖類と無機物

土壌に生息する有機栄養微生物のほとんどは、糖類からエネルギー源を獲得することができる。しかし糖類のうち、ブドウ糖やデンプンなどの種類は炭素、水素、酸素の3つの種類の元素しかないため、細胞成分に必要なタンパク質や核酸をつくることができない。そのため土壌微生物は、糖類によって得られた炭素骨格に、窒素やリンを無機物として外から加えることによって、それらを合成している。

つまり、土壌に生息する有機栄養微生物の多くは、植物などから得られる糖類と、土壌中の無機物を利用することによって、生育している。

有機栄養微生物の分類

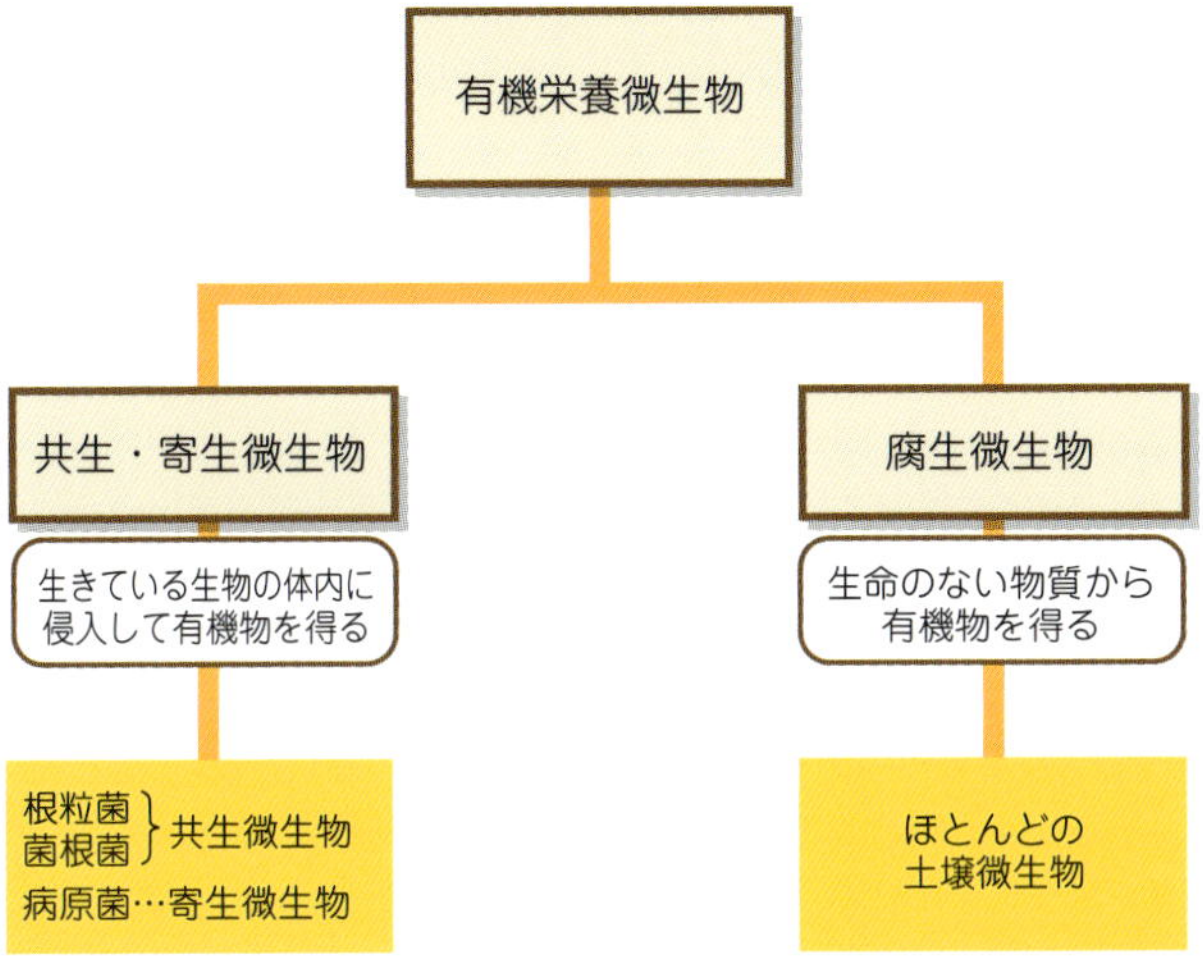

共生関係にあるアカマツとマツタケ

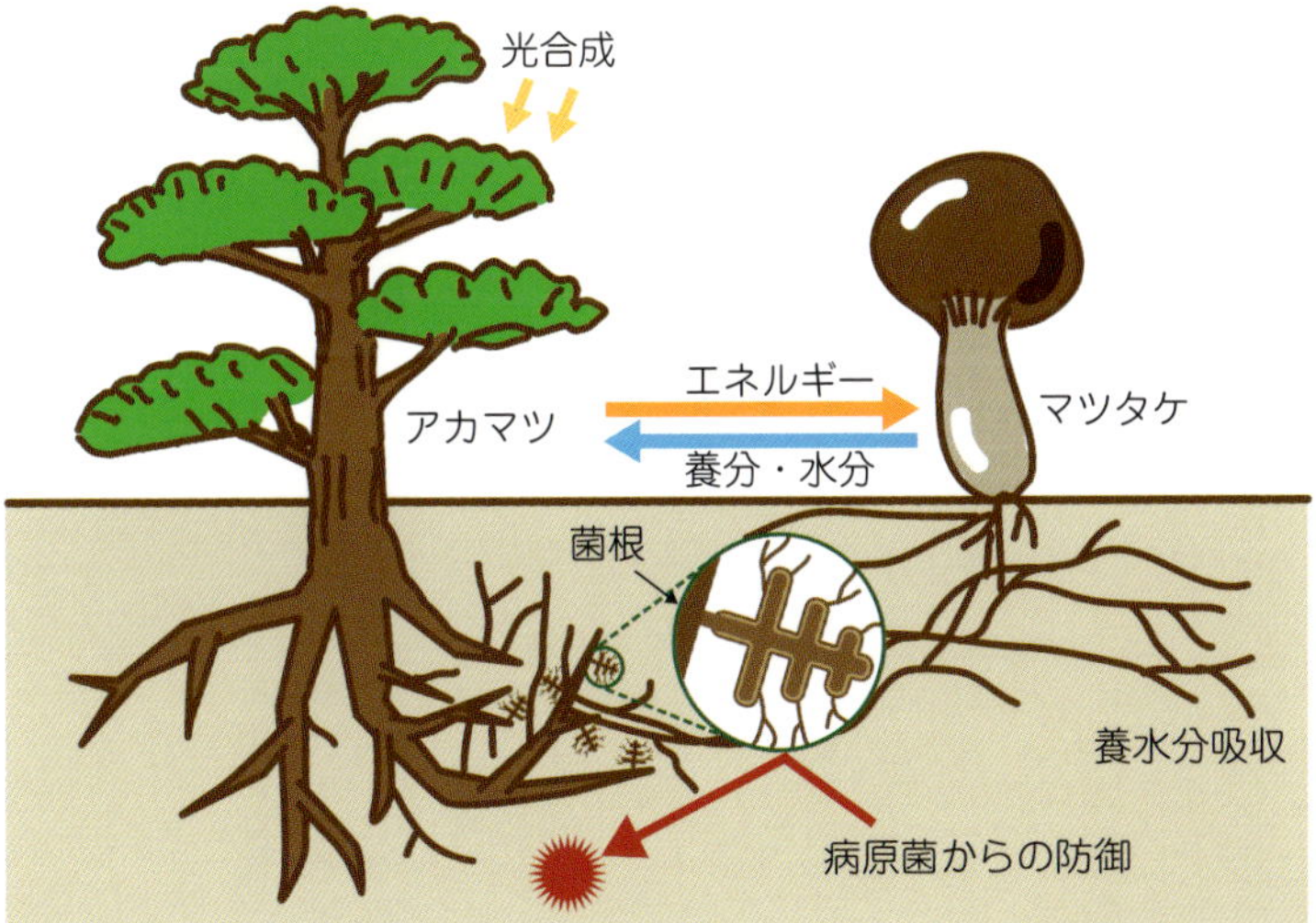

マツタケはアカマツの根に共生する「菌根菌」の一種で、リンなどの無機物を宿主のアカマツに供給するかわりに、アカマツからエネルギーとなる糖をもらっている

（資料：「グリーン・エージ」第32巻3号（財）日本緑化センター）

有機物からのエネルギー獲得方法

発酵系によるエネルギー獲得

土壌微生物が糖類からエネルギーを獲得するためには、おもに「発酵系」と「呼吸系」という2種類の反応がある。

発酵系は、酸素のない嫌気的な条件下で行われ、糖類を不完全に分解させてエネルギーを得る反応である。発酵の過程では、代謝産物としてアルコールや乳酸などの有機酸が生成されることから、「アルコール発酵」や「乳酸発酵」などと呼ばれている。その代謝産物を人間が利用してつくったものが、アルコール飲料やヨーグルトである。しかし、この過程によって獲得できるエネルギー（ＡＴＰ）の生成量はきわめて少なく、エネルギー効率はとてもわるい。

呼吸系によるエネルギー獲得

一方、発酵によってつくられたピルビン酸を、酸素を使って完全に酸化させて、水と二酸化炭素に分解する過程が呼吸系である。このときに生成されるエネルギー（ＡＴＰ）の量は、発酵系によって得られる量の約20倍もあり、効率はとてもよい。

なお、人間も同様に、発酵系と呼吸系の両方の過程を経て、エネルギー（ＡＴＰ）を獲得している。

酸素の好きな菌と嫌いな菌

地球上にまだ酸素ガスがなかったころ、微生物は発酵系による反応によりエネルギーを獲得して生活してきた。しかし、後に酸素ガスが現れると、呼吸系の反応により、酸素を使って効率よくエネルギーを獲得する細菌が進化していった。このように、酸素を利用してエネルギーを獲得する微生物のことを「好気性菌」と呼ぶ。細菌、菌類、放線菌、藻類などの土壌微生物の多くは、このグループに属する。なお、酸素がないとまったく生育できない微生物のことを、とくに「絶対的好気性菌」と呼んでいる。

一方、酸素のない条件下で、発酵系によってエネルギーを獲得する微生物を「嫌気性菌」と呼ぶ。嫌気性菌のうち、酸素があると生育できないものを「絶対的嫌気性菌」と呼び、酸素があってもなくても生育できる微生物を「条件的（通性）嫌気性菌」と呼ぶ。絶対的嫌気性菌は、酸素のない条件下でのみ、発酵系によってエネルギーを獲得するタイプで、条件的嫌気性菌は、酸素がない条件下では発酵系によって、酸素があるところでは呼吸系によってエネルギーを獲得するタイプである。条件的嫌気性菌は、どちらの条件下でも生きられる生命力の強い微生物といえる。絶対的嫌気性菌は、現在も水田などの酸素が少ない土壌に生息している。

エネルギーの獲得方法

好気性菌と嫌気性菌の違い

微生物

	絶対的好気性菌	条件的（通性）嫌気性菌	絶対的嫌気性菌
無酸素（増殖の可否）	×	○	○
有酸素（増殖の可否）	○	○	×
エネルギー獲得方法	呼吸系	呼吸系　発酵系	発酵系
	ほとんどのカビ	酵母　ほとんどの土壌細菌	一部の土壌細菌

（資料：西尾道徳『土壌微生物の基礎知識』農文協）

酸素利用の有無による微生物の分類

絶対的好気性菌

　有機栄養微生物は、「腐生微生物」と「共生・寄生微生物」に大きく分けられることは前述したが（44頁）、腐生微生物は、エネルギーの獲得過程における酸素利用の有無をもとに考えると、「絶対的好気性菌」、「絶対的嫌気性菌」、「条件的（通性）嫌気性菌」の3つの種類に分類することができる。

　絶対的好気性菌は、酸素がないところではエネルギーを獲得できない微生物であり、土壌中のほとんどのカビは、このグループに属する。そして、植物がかかる病気の80％以上はカビが原因である（26頁）。

　農耕地においては、水田に湛水して水がたまると、急激に酸素濃度が下がるため、絶対的好気性菌であるカビは大幅に減少する。そのため、水田では土壌病害の発生はわずかであり、連作も可能となる。また、落水して水が抜かれると、酸素濃度が上がり、再びカビが生育しはじめる。畑の土壌は水田より酸素が多いため、細菌よりカビの割合が多い。

絶対的嫌気性菌

　絶対的嫌気性菌は、酸素があるところでは生育できず、一部の土壌細菌だけがこのグループに属し、クロストリジウムという細菌が代表例として挙げられる。土壌の深いところや、水田などの水のたまった土壌の還元層（１２２頁）など、酸素が十分にいきわたらない土壌中に生息している。

条件的（通性）嫌気性菌

　条件的（通性）嫌気性菌は、酸素があってもなくても生育できる微生物で、酸素条件の変化によって発酵系と呼吸系をたくみに使い分けてエネルギーを獲得している。土壌に生息するほとんどの細菌はこのグループに属する。また、菌類のなかでも酵母は条件的嫌気性菌に属している。その意味でも、酵母は形態こそ菌類であるが、細菌の性質を残している中間的な存在の微生物といえる。水田においては、湛水と落水が繰り返されるため、酸素条件が極端に変わり、好気性と嫌気性の両方の特性を兼ね備えた条件的嫌気性細菌が多い。

　また、条件的嫌気性菌のなかでもきわめて特殊な特性をもつ細菌が「脱窒菌」である（38頁）。脱窒菌は、酸素のかわりに硝酸や亜硝酸を使って呼吸（硝酸呼吸）をすることができる。酸素がある条件下では脱窒は行われず、酸素を使ってエネルギーを獲得するが、酸素がなくてもその場所に硝酸や亜硝酸があれば、それらを窒素ガスや亜酸化窒素ガスに還元することにより、呼吸系で生育することができる。

水田に湛水したときの土壌微生物の変化

水をはった直後

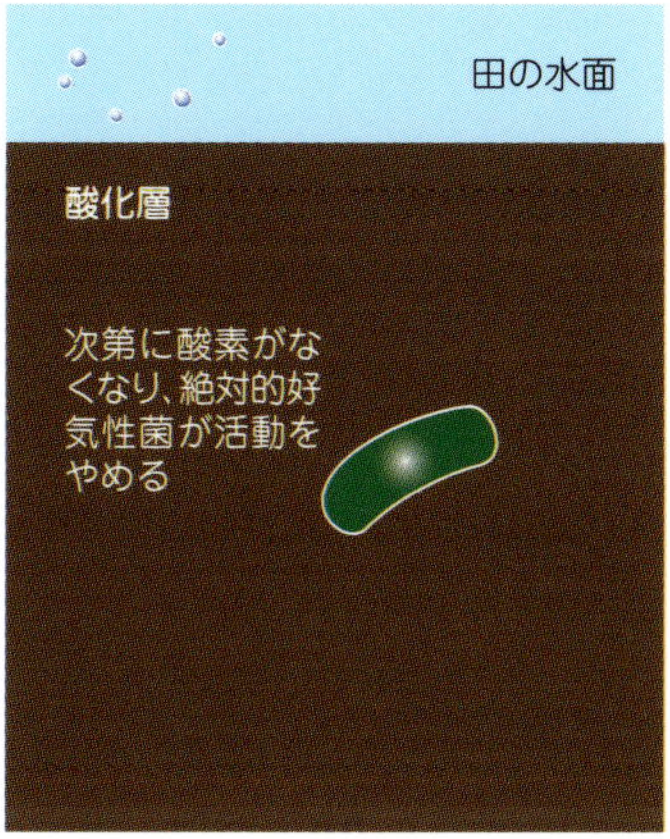

次第に酸素がなくたっていき、絶対的好気性菌であるカビはどんどん少なくなっていく

水をはった数日後

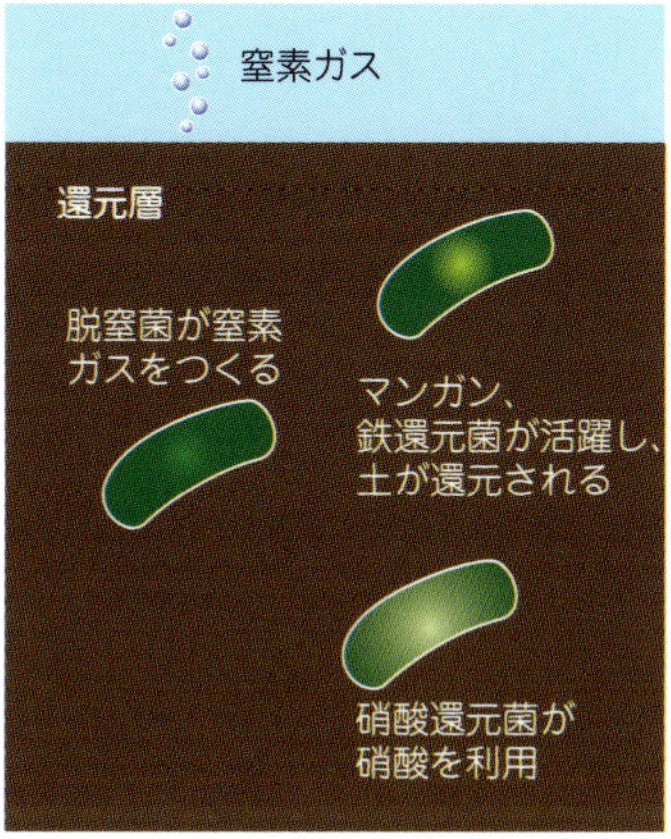

鉄還元菌などにより土が還元されていく。また、硝酸還元菌が硝酸を利用しはじめ、脱窒菌が窒素ガスを放出する

水をはった１カ月後

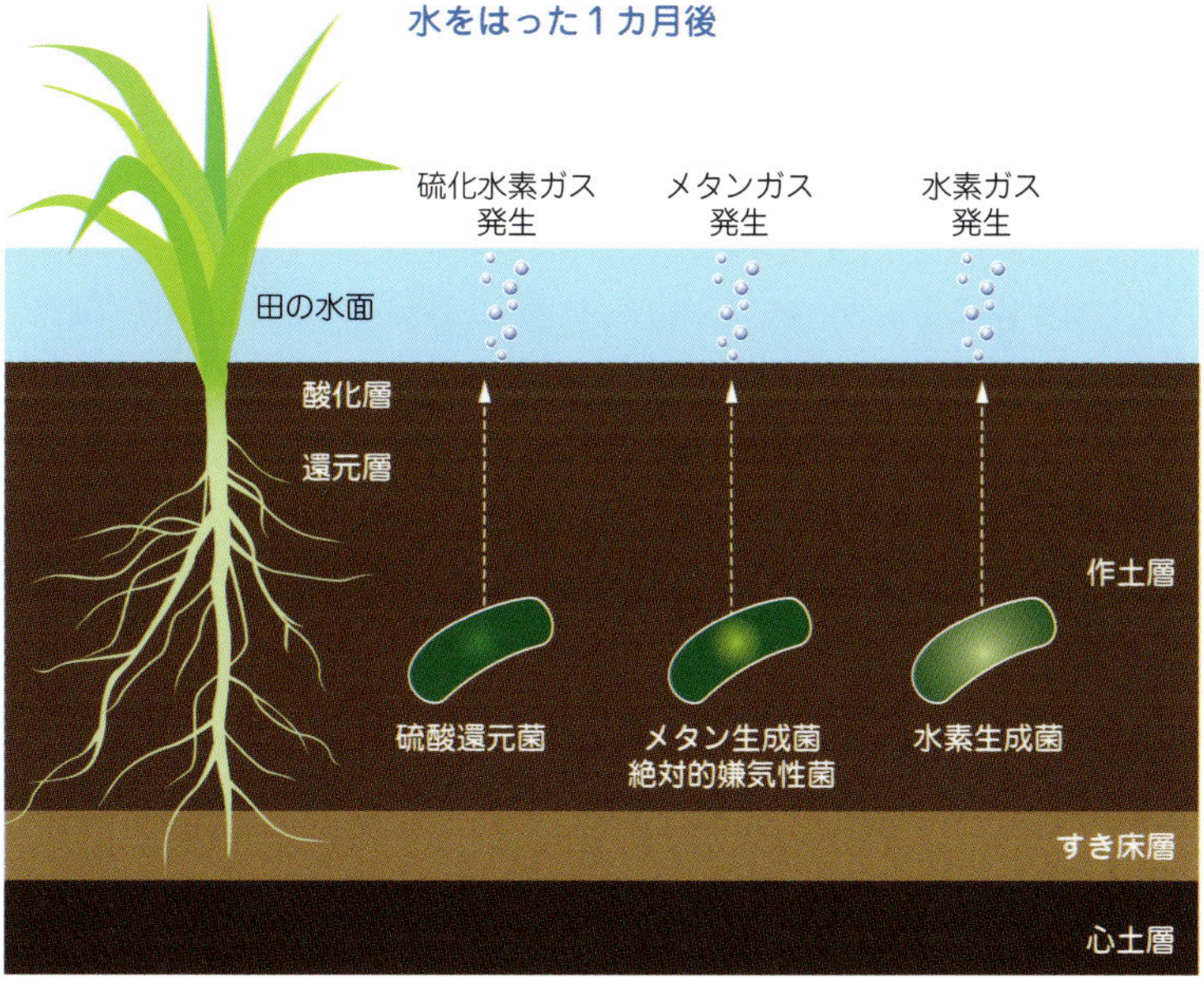

土が酸化層と還元層に分かれ、還元層では絶対的嫌気性菌である硫酸還元菌、メタン生成菌、水素生成菌などが活動をはじめ、硫化水素、メタン、水素などのガスが発生する

（資料: 長谷部亮『水田をつくる微生物』農文協）

有機物の分解

エネルギー獲得のための糖類の分解

有機栄養微生物が摂取する有機物は、おもに土壌に蓄積した動植物の遺体や排泄物からなる。しかし、大部分の土壌微生物は植物と同じように、細胞のまわりを細胞壁が囲んでいるため、水溶性で低分子の有機物しか細胞内に取り込めない。そのため土壌微生物は、高分子物質を分解する酵素を細胞の外に分泌して、デンプンなどの高分子物質をブドウ糖などの低分子に分解してから吸収している。また、高分子物質の種類ごとに、分解できる酵素の種類も変わる。

土壌微生物は、吸収した低分子の糖類を用いて、発酵系や呼吸系の過程を通してエネルギー（ATP）を獲得している。また、その糖類から合成してできた有機化合物に、無機物として摂取した窒素やリンを結合させて、自らの細胞成分をつくり出している。

難分解性のリグニンも分解！

植物の細胞壁には、リグニン、セミロース、ヘミセルロースなどの高分子成分が多く含まれている。このうち、セミロース、ヘミセルロースは酵素で分解しやすいが、リグニンがそれらに結合していると、構造がより強固になり、低分子に分解されにくくなる。リグニンは木のなかに20～30％含まれているため、木はなかなか土壌微生物によって分解されない。しかし、キノコの仲間である「白色腐朽菌」だけは、リグニンを分解できる作用がある。白色腐朽菌によって低分子に分解されたリグニンは、ほかの土壌微生物によって分解・吸収できるようになる。また、低分子に分解されたリグニンは、土壌中での腐植の形成に貢献している。

細胞成分に必要な窒素の獲得

エサとなる有機物には、糖類のほかにタンパク質や核酸などの高分子成分も含まれている。土壌微生物は、低分子のアミノ酸であれば容易に吸収できるが、高分子のタンパク質や核酸は、やはり酵素によって低分子に分解してから体内に吸収され、そのあと、再び体内で細胞成分として有機化される。

しかし、窒素含有率の高い有機物をエサにした場合、細胞内に窒素が過剰になってしまうことがある。そのようなときは、細胞内の無機窒素成分（アンモニア態窒素）を細胞外に放出する（窒素の無機化）。一方、細胞成分をつくるのに必要な窒素が、有機物のエサから得た窒素だけでは不足すると、土壌中の無機窒素を体内に吸収し、細胞内で核酸やアミノ酸などの有機物に合成する（窒素の有機化）（38頁）。

リグニンの難分解性

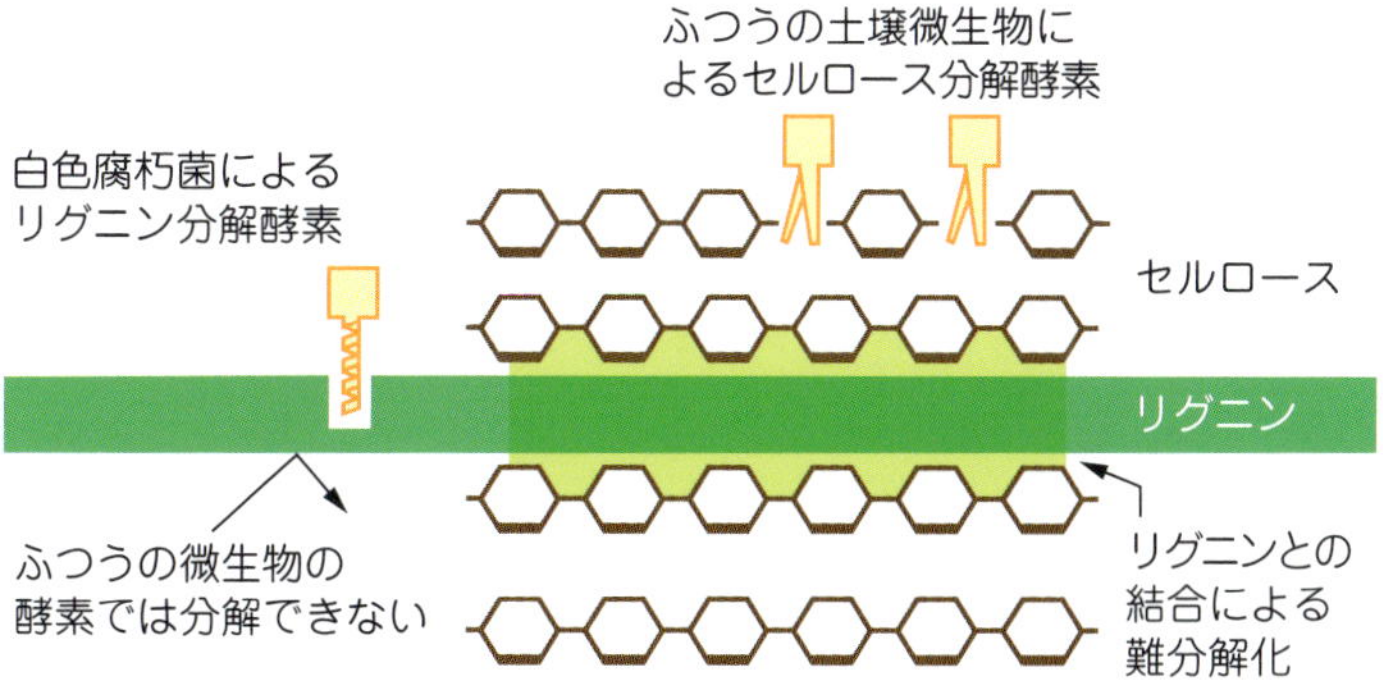

（資料：西尾道徳『土壌微生物の基礎知識』農文協）

リグニンを分解するキノコ（白色腐巧菌）

シイタケ

ウスヒラタケ

白色腐朽菌により分解されて白くなったブナ木粉（左）

（写真：岐阜県森林研究所）

発酵食品と関連する微生物

●食卓を豊かにする発酵食品の数々

「発酵食品」といえば、ビールやワインなどのアルコール発酵飲料や、ヨーグルトなどの乳酸発酵食品がすぐに思い浮かぶ。そのほかにも、ふだん何気なく食べている食品のなかに、意外と知られていない発酵食品がたくさんあるので紹介する。

●発酵食品の原料と関連する微生物の種類

発酵食品	おもな原料	微生物の種類
みりん	もち米	コウジ菌
味噌	米、大麦、大豆	コウジ菌、酵母、乳酸菌
醤油	小麦、大豆	コウジ菌、酵母、乳酸菌
お酢	アルコール	酢酸菌
日本酒	米	コウジ菌、酵母
焼酎	芋、麦、米	コウジ菌、酵母
ビール	大麦	ビール酵母
ワイン	ブドウ	ワイン酵母
パン	小麦	パン酵母
かつおぶし	かつお	コウジ菌
豆板醤	空豆、唐辛子	コウジ菌
ぬかみそ	米糠	酵母、乳酸菌
納豆	大豆	納豆菌
鮒寿司（なれずし）	鮒	乳酸菌
くずもち	小麦	乳酸菌
くさや	魚	乳酸菌
ヨーグルト	牛乳	乳酸菌
チーズ	牛乳	乳酸菌、白カビ、青カビ
ナタデココ	ココナッツ	酢酸菌
メンマ	タケノコ	乳酸菌
アンチョビ	イワシ	乳酸菌
キムチ	白菜、唐辛子	乳酸菌
ピクルス	キュウリ	乳酸菌
ザワークラウト	キャベツ	乳酸菌
サラミ	肉	乳酸菌

※乳酸菌、納豆菌、酢酸菌は細菌で、コウジ菌はカビに属する

第5章

有機物を必要としない土壌微生物

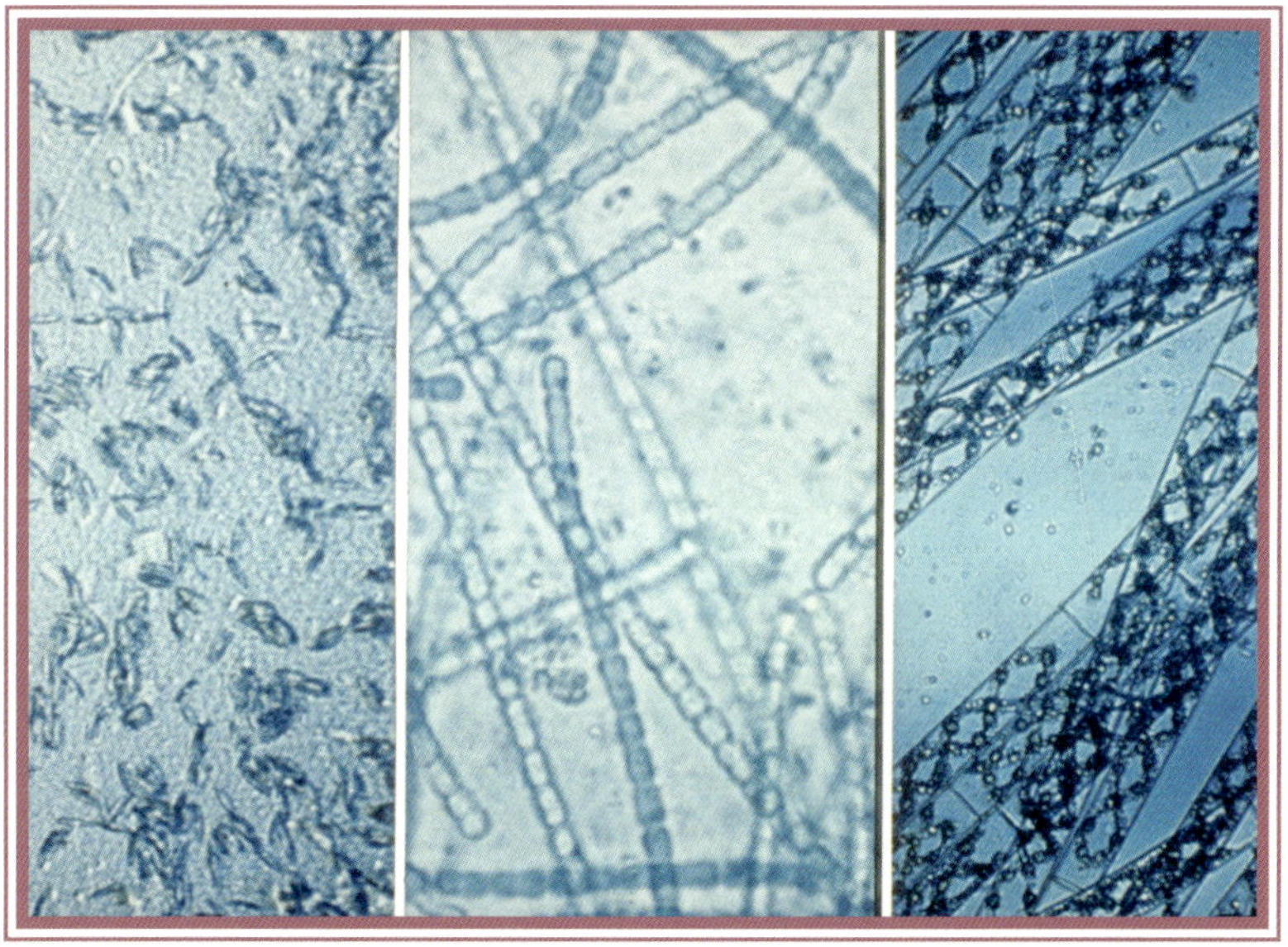

無機栄養微生物のタイプ

無機栄養微生物の分類

土壌微生物において、活動に必要なエネルギーと細胞成分となる炭素源を有機物から獲得するものを「有機栄養微生物」と呼ぶ。一方、エネルギーを無機物の酸化や光エネルギーから得て、炭素源は二酸化炭素を固定して有機物を合成する微生物は「無機栄養微生物」と呼ぶ（44頁）。無機栄養微生物はさらに、無機化合物からエネルギーを得る「化学合成無機栄養微生物」と、光からエネルギーを得る「光無機栄養微生物」とに分けることができる。

化学合成無機栄養微生物にはさまざまな種類がいるが、それらはすべて細菌の仲間である。また、光無機栄養微生物は、植物の光合成と同じような反応でエネルギーを得ているが、このグループに属する細菌のことを「光合成細菌」と呼ぶ。約４億年前に植物が陸に上がるまでは、無機栄養微生物が有機物合成の中心的役割を担っていたといわれている。

化学合成無機栄養微生物の種類

化学合成無機栄養微生物にはいくつかの種類があり、その代表的なものは「硝化菌（アンモニア酸化細菌、亜硝酸酸化細菌）」「硫黄細菌」「硫酸還元菌」「鉄酸化菌」「メタン酸化菌」「水素酸化菌」などである。

無機物の酸化は、細菌の種類によってそれぞれ独自の反応過程があるが、二酸化炭素の固定は多くの場合、ＡＴＰ（エネルギー）とＮＡＤＰＨ（電子伝達体）を使った「還元的ペントースりん酸回路」によって行われる（なかには「還元的ＴＣＡ回路」で二酸化炭素を固定する細菌もいる）。

化学合成無機栄養微生物は、土壌中において植物の養分となる栄養元素の形態変化に深くかかわっているため、土壌生態系における物質循環に大きく寄与している。

光無機栄養微生物の種類

光無機栄養微生物は、植物と同じように無機物と光だけで生育できる微生物であり、「藻類」「光合成細菌」「藍藻」の３つの種類がある。光無機栄養微生物は水中に多く見られるが、湿った土壌にも生息している。

藻類と藍藻は植物と同じように、水を光エネルギーで分解して酸素を生成するが、ほとんどの光合成細菌は、水を使わずに硫化水素などを利用することでエネルギーを得ており、その過程で酸素を生成しない。光合成細菌の「紅色非硫黄細菌」は、二酸化炭素ではなく有機物を細胞成分の炭素源に利用するため、この細菌は分類上、有機栄養微生物に属する。

有機栄養微生物

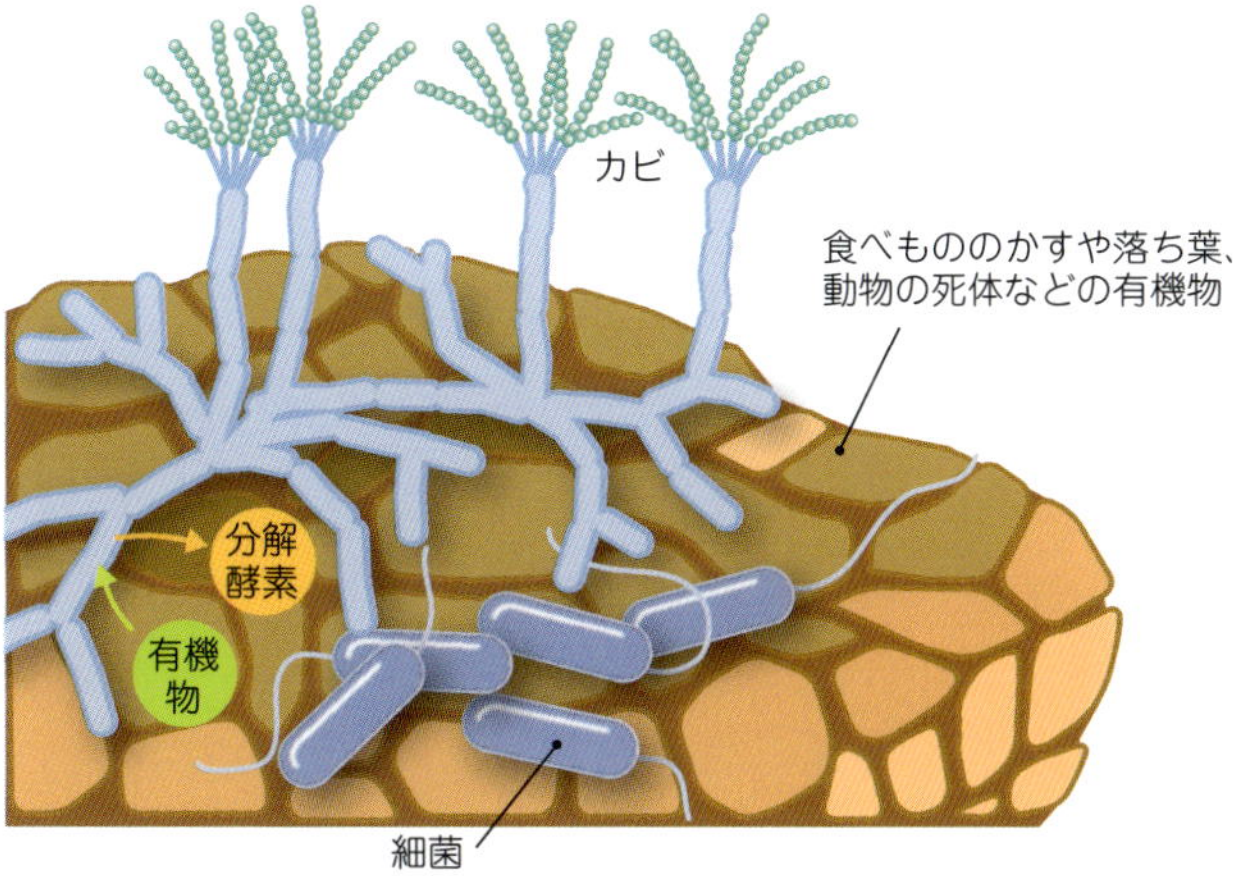

活動に必要なエネルギーと細胞成分となる炭素源を有機物から獲得する

化学合成無機栄養微生物

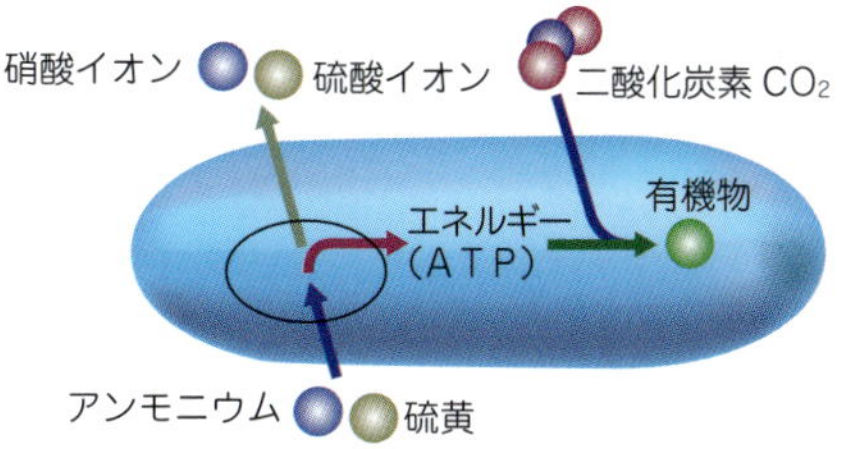

エネルギーを無機物の酸化などから得て、炭素源は二酸化炭素を固定して有機物を合成する

光無機栄養微生物

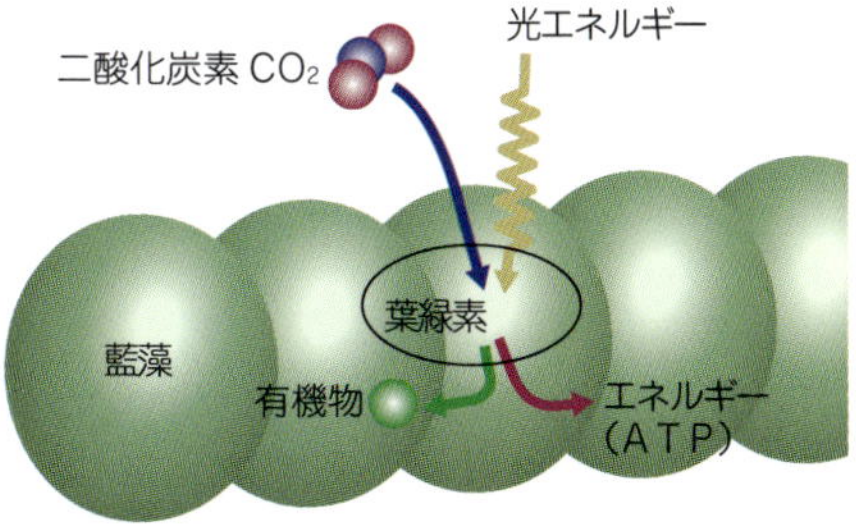

エネルギーを光エネルギーから得て、炭素源は二酸化炭素を固定して有機物を合成する

（資料：西尾道徳『微生物が地球をつくった』農文協）

硝化菌と窒素の循環

硝化菌は窒素循環の重要な担い手

化学合成無機栄養微生物のなかで、窒素の物質循環に最も深くかかわっているのが「硝化菌」である。硝化菌には、アンモニウム塩を酸化して亜硝酸塩に変える「アンモニア酸化細菌」と、亜硝酸塩を酸化して硝酸塩に変える「亜硝酸酸化細菌（硝酸化細菌）」の２つの種類がある。なお、アンモニウム塩から硝酸に変化させる一連の反応を「硝化反応（硝化作用）」と呼ぶ（38頁）。

アンモニア酸化細菌および亜硝酸酸化細菌のどちらも、酸化において酸素を必要とするため、好気的条件下で生育する。そのため農耕地では、酸素の少ない水田よりも畑に多く存在する。植物は窒素源として、アンモニウム塩よりも硝酸塩を吸収しやすいため、畑の農作物にとって硝化菌は、窒素肥料の施肥にも影響する大変重要な土壌微生物といえる。

アンモニア酸化細菌の代表例はニトロソモナスであり、亜硝酸酸化細菌の代表例はニトロバクターである。どちらも水中のアンモニウム塩も分解するため、分離した菌を水槽に加えて水質を改善したり、汚水処理に用いるなど、環境浄化にも役立っている。

アンモニアを直接硝酸に変える細菌やカビも存在するが、硝化菌に比べると硝化能力はかなり劣る。

農作物にとってはリスクを伴う硝化作用

硝化菌がよく生育する条件としては、酸素が十分にあり、有機物の分解過程で生産されるアンモニウム塩が豊富に含まれていることが挙げられる。畑は有機物が多く、堆肥や肥料にもアンモニウム塩が多く含まれているため、硝化菌にとっては格好の生育環境といえる。また、作物もアンモニウム塩より硝酸塩を吸収しやすいため、硝化菌の恩恵を受けている。

しかし、作物にとってやっかいなことは、一連の硝化作用が途中で止まってしまい、中間産物である亜硝酸塩が蓄積することである。亜硝酸塩は植物に有毒であり、蓄積すると「亜硝酸ガス障害」を起こす。通常の土壌では、硝化作用の２つの反応はうまく連動して働き、亜硝酸塩が蓄積されることはない。しかし、有機質肥料などアンモニアが豊富に含まれる肥料を大量に施肥すると、アンモニア酸化細菌より先に亜硝酸酸化細菌がアンモニア中毒にかかってしまい、アンモニア酸化細菌だけが活動を続け、亜硝酸塩がどんどん蓄積されてしまう。また、土壌のpHが低すぎても（pHが５以下）、亜硝酸酸化細菌がアンモニア酸化細菌より先に活性を失ってしまうため、亜硝酸塩が蓄積してしまい、亜硝酸ガス障害を引き起こすことがある。亜硝酸ガス障害は、施設栽培の農作物でよく見られる。

硝化菌による硝化作用

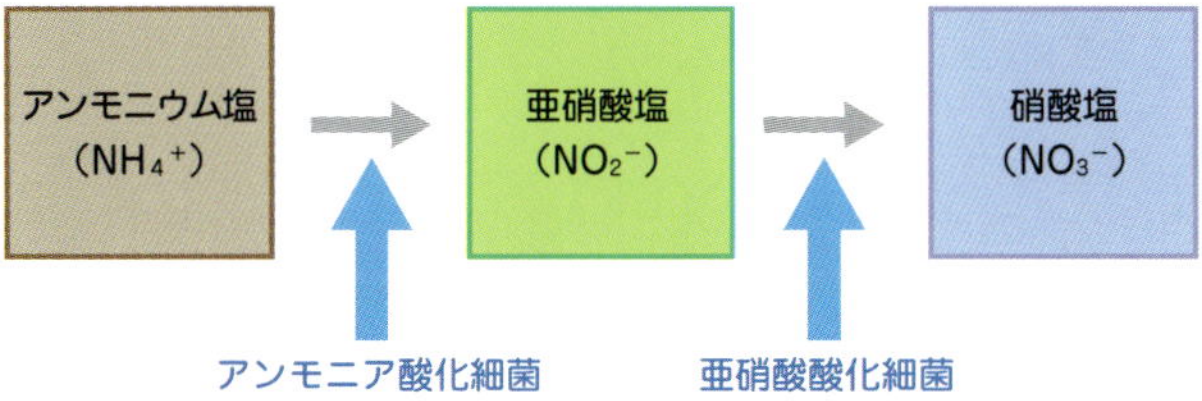

硝化菌の種類

アンモニア酸化細菌	亜硝酸酸化細菌
Nitrosomonas europaea	*Nitrobacter winogradskyi*
Ntrosospira briensis	*Nitrospina gracilis*
Nitrosococcus nitrosus	*Nitrococcus mobilis*
Nitrosococcus oceanus	
Nitrosolobus multiformis	

(Bergey's manual 8th ed., Buchanan et al., 1974)

亜硝酸ガス障害の被害

ナス

ニラ

亜硝酸ガスの発生により、葉の一部が枯れ上がり、白色化する

いろいろな化学合成無機栄養微生物

硫黄細菌の種類と働き

硫黄や硫化水素などを酸化および還元して得られたエネルギーで生育する細菌を、それぞれ「硫黄酸化菌」「硫黄還元菌と呼び、それらを総称して「硫黄細菌」という。硫黄細菌は、太古の時代に海底火山の噴火で発生した硫化水素を酸化してエネルギー源に利用した、地球上で最も古い生物といわれている。

硫黄酸化菌は、酸素を用いて硫黄化合物を酸化する好気性菌（無色の硫黄細菌）と、嫌気性下で光合成に伴って硫化水素などを酸化する光合成硫黄細菌（紅色硫黄細菌、緑色硫黄細菌）（60頁）の2つの種類がある。

無色の硫黄細菌としてはチオバチルス属が代表的で、なかでもチオバチルス・チオオキシダンスという種類は、硫黄の出る温泉などに生息し、硫黄を硫酸に酸化できるので、pH1程度の強酸性の環境下でも生きることができる。

硫酸還元菌の種類と働き

硫酸を硫化水素に還元してエネルギーを得ている細菌を「硫酸還元菌」と呼ぶ。硫酸還元菌は絶対的嫌気性菌で、水をはった水田の還元層（土壌の深いところ）に多く生息し、イネに有毒な硫化水素を発生する。硫酸還元菌は、水素のほかにも乳酸などの有機物を利用してエネルギーを得ることができるため、「独立栄養的な従属栄養微生物」といった、きわめて特殊な部類に属する細菌である。代表的な硫酸還元菌にはデスルフォビブリオ属がある。

そのほかの化学合成無機栄養微生物

「鉄酸化菌」は、二価の鉄イオンを三価の鉄イオンに酸化するときに得られるエネルギーを利用している細菌である。鉱山の廃水などで、鉄分の多い水が赤褐色になるのは、鉄酸化菌の作用によるものである。一方、三価の鉄イオンを二価の鉄イオンに還元する細菌を「鉄還元菌」と呼び、水田の還元層など、嫌気的条件下で生息している。

「メタン酸化菌」は、酸素を使ってメタンを二酸化炭素に分解して炭素源とエネルギーを得ている細菌である。そのため、メタン酸化菌は酸素のある好気的な条件下で生息する。水田の田面水のように、酸素が比較的多く含まれ、しかも還元層に生息するメタン生成菌によって発生したメタンガスが存在する場所に生育しやすい。

「水素酸化菌」は、水素を酸化するときに得られるエネルギーを利用する細菌である。

化学合成無機栄養微生物の化学反応式

●硝化菌

$2NH_3+3O_2 \rightarrow 2HNO_2+2H_2O$（アンモニア酸化細菌）

$2HNO_2+O_2 \rightarrow 2HNO_3$（亜硝酸酸化細菌）

●硫黄酸化菌（無色の硫黄細菌）

$H_2S+1/2O_2 \rightarrow H_2O+S$

$S+3/2O_2+H_2O \rightarrow H_2SO_2$

●光合成硫黄細菌

$2H_2S+CO_2 \rightarrow CH_2O+2S+H_2O$

●鉄酸化菌

$4FeCO_3+O_2+6H_2O \rightarrow 4Fe(OH)_3+4CO_2$

●水素酸化菌

$H_2+1/2O_2 \rightarrow H_2O$

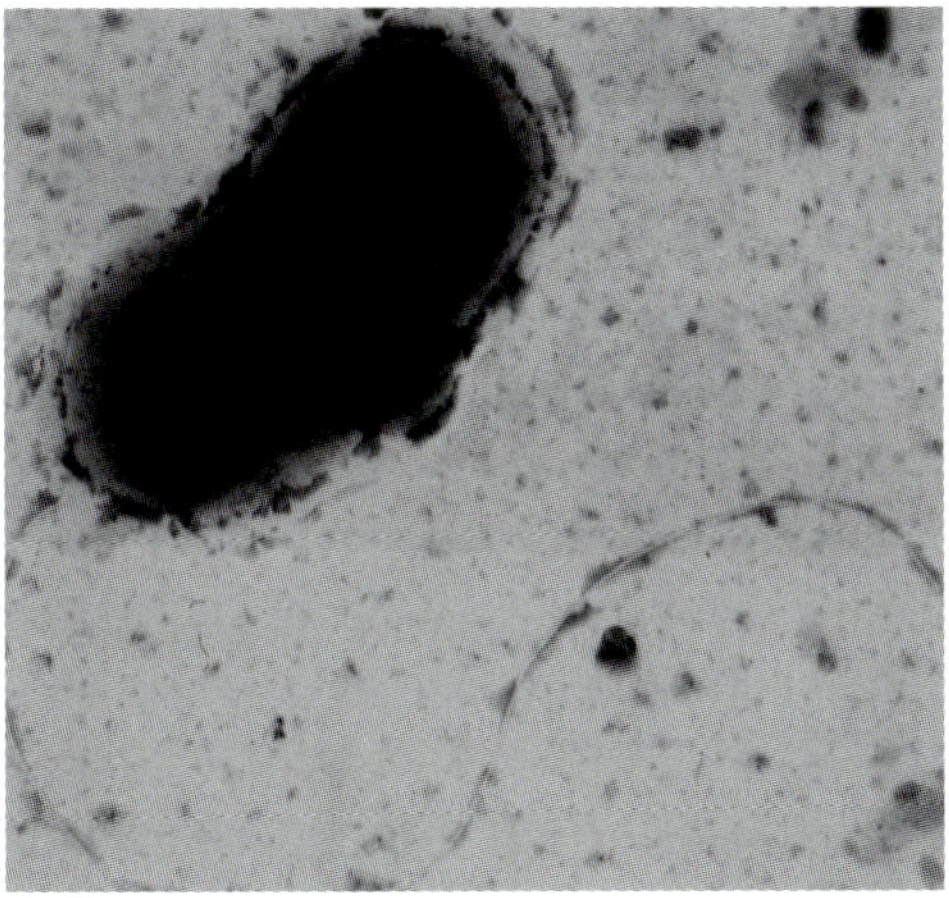

硫酸還元菌
（デスルフォビブリオ・ブルガリス）

光無機栄養微生物

藻類は植物と同様の機序で光合成を行う

植物と同じように、無機物と光エネルギーのみで生育できる微生物を「光無機栄養微生物」と呼ぶが、光無機栄養微生物には、「藻類」「光合成細菌」「藍藻」の3種類がある。

藻類には「緑藻《りょくそう》」「紅藻《こうそう》」「褐藻《かっそう》」「珪藻《けいそう》」などが含まれ、おもに水中に生息するが、水田などの湿った土壌にも見られる。藻類は微生物ではあるが、体内に葉緑素などをもち、高等植物と同じような反応機序で光合成を行ってエネルギーを獲得し、有機物を合成している。

藍藻は窒素固定もする優れ者

藍藻は「シアノバクテリア（藍色細菌）」とも呼ばれ、以前は藻類の一種と考えられていたが、単細胞生物であり、核のない原核生物であるため、現在は細菌の一種として分類されることもある。藍藻も植物と同じ酸素発生型の光合成を行う。同じ細菌の仲間でも、酸素を発生しない光合成細菌とは光合成の反応機序がまったく異なる。

藍藻は好気性菌であり、田面水や土壌の表面に多く生息しているが、酸素濃度が低いときには窒素固定を行う種類もいる。たとえば、水田に雑草として生育するアカウキクサというシダ植物の葉に共生している藍藻は、窒素固定能が高く、稲作農家において「緑肥（土壌にすき込ませた肥料）」として使用されることもある。

光合成細菌は酸素を出さない

光合成細菌は、光エネルギーは利用するが、植物や藻類とは異なる反応機序によって、酸素の発生しない光合成を行う。そのため光合成細菌は、光は差し込むが、酸素濃度の低い水中に多く生息している。

光合成細菌には、「紅色硫黄細菌（クロマチウム属など）」、「緑色硫黄細菌（クロロビウム属など）」、「紅色非硫黄細菌（ロドスピリラム属など）」が含まれる。このうち、緑色硫黄細菌と紅色硫黄細菌は二酸化炭素を同化し、硫化水素を利用して光合成を行うため、光無機栄養微生物であるのだが、紅色非硫黄細菌は有機物を利用して光合成を行うため、光有機栄養微生物に分類される。なお、紅色硫黄細菌は、硫化水素と有機物のどちらも利用できる。

紅色硫黄細菌と緑色硫黄細菌は、いずれも硫化水素を利用するため、水田において硫酸還元菌により発生した有毒な硫化水素を取り込む働きがある。そのため、水田の表層にも多く生息しており、イネの生育に重要な役割を担っている。

藍藻の体の基本構造

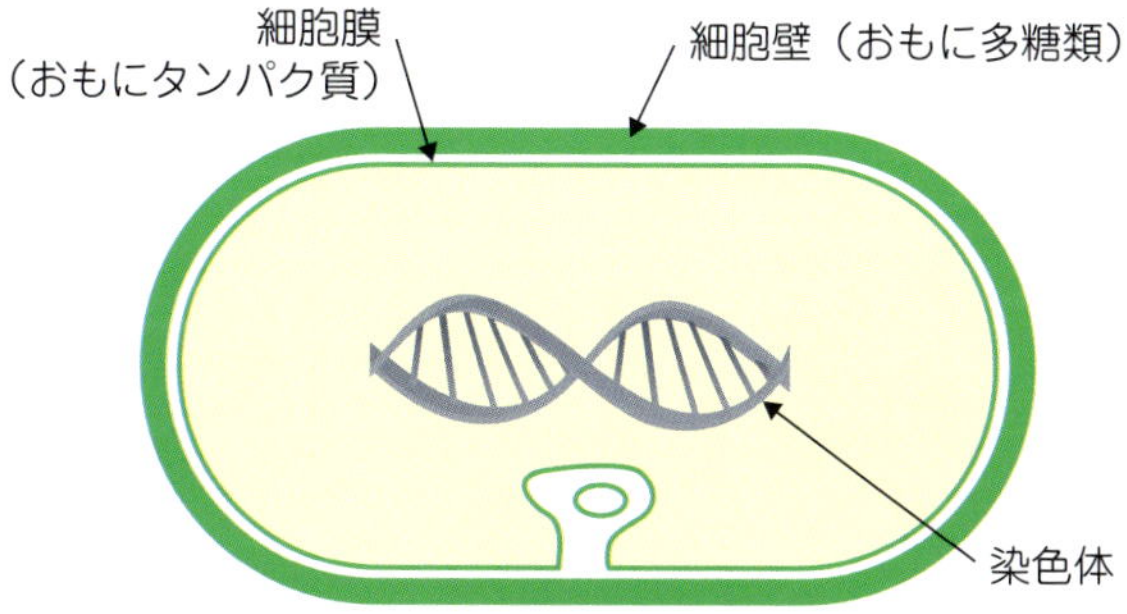

多糖類を中心としたかたい細胞壁で、おもにタンパク質でできたやわらかい細胞膜を囲んでいる。染色体は細胞のなかにたたみ込まれている。この構造は細菌の細胞とほぼ同じである

微生物による光合成反応

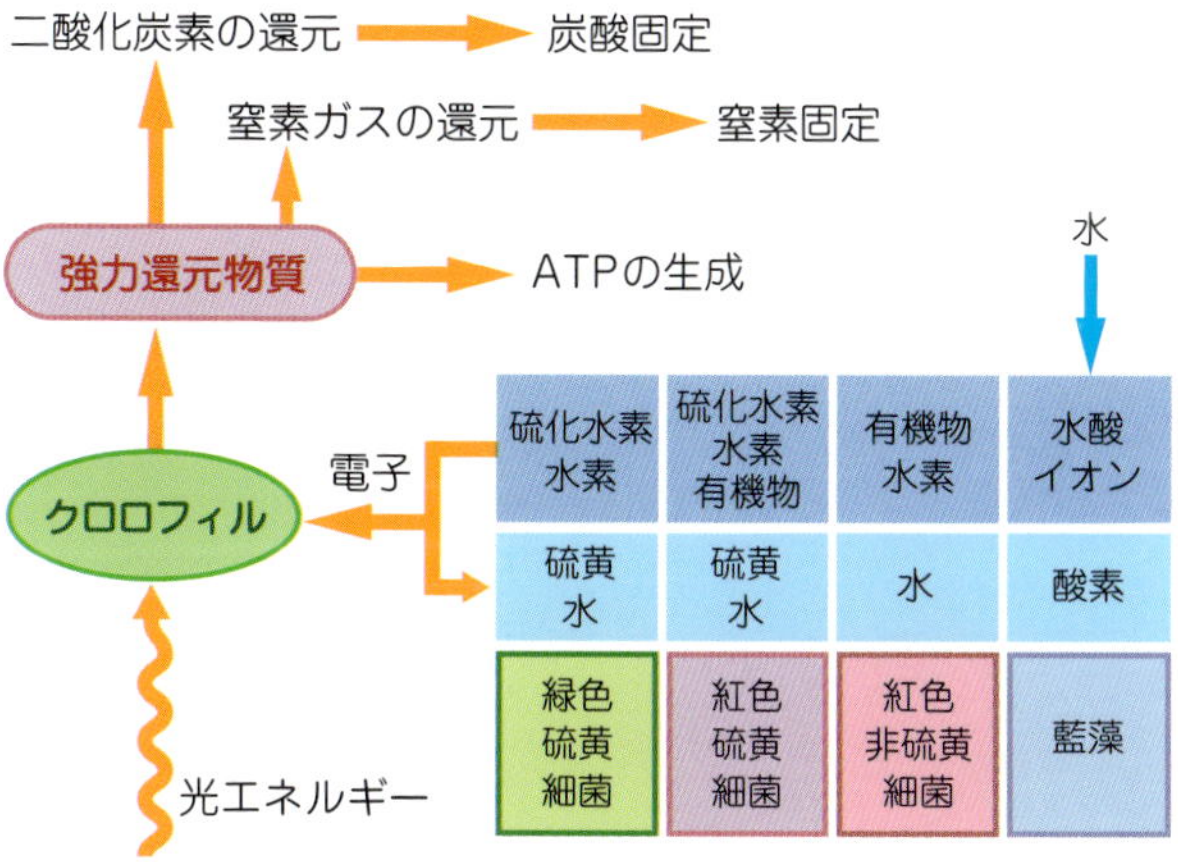

光合成はクロロフィルという色素が光のエネルギーを吸収して、強力な還元力をもつ物質がつくられる。この還元物質はATPをつくったり、二酸化炭素や窒素を還元し、糖やアンモニアをつくる。還元物質をつくるためには、電子あるいは水素を補う必要があり、植物や藍藻は水を光エネルギーで分解した水酸イオンが電子や水素を補給するが、光合成細菌は硫化水素や水素ガスまたは有機物から電子または水素を補給する

（資料：西尾道徳『土壌微生物の基礎知識』農文協）

ヴィノグラドスキーという人物

●彼こそ「土壌微生物学の祖」！

「近代細菌学の父」であるルイ・パスツールとロベルト・コッホのあとを受け継ぎ、微生物学をさらに発展させたのが、ロシアのセルゲイ・ヴィノグラドスキーであろう。微生物学者であり土壌学者でもあった彼は、土壌細菌の草分け的研究を数々行った。

彼の偉大なる功績のひとつは、硫化水素を酸化することで得られるエネルギーで、二酸化炭素から自らの細胞成分を合成する「硫黄細菌（ベギアトア）」を発見し、化学合成無機栄養細菌の概念をはじめて提唱したことである。そのあと、彼は「鉄細菌」についても同様の研究をし、またこのときに、鉄細菌のみが増殖できる特殊な培地を利用したことが、そのあとの微生物研究にとって大きな足がかりとなった。現在でも微生物の培養で必ず用いられる「選択培地」の誕生である。

●探究心はとどまることを知らず

また彼はそのあと、アンモニウム塩を硝酸塩に変える硝化菌である「アンモニア酸化細菌」と「亜硝酸酸化細菌」の２つの細菌を発見した。ここでも彼は、これらの細菌は有機物によって増殖が抑制されることを推察し、無機物だけからつくった選択培地を用いることで、有機物を栄養とする微生物とはまったく違うタイプの微生物がいることを世のなかの人に知らしめたのである。

さらに彼は、別の研究テーマにとりかかった。次なる標的は空気中の窒素をアンモニアに変える細菌。彼はこのときにも、窒素化合物を含まない選択培地を用いて、嫌気性の窒素固定菌（クリストリジウム菌）をはじめて純粋培養し、分離することに成功したのである。

このようにヴィノグラドスキーは、それまでにはなかった選択培地の概念を確立し、それによって数々の土壌微生物、とくに化学合成無機栄養細菌の分離・発見に大いに貢献したのである。

セルゲイ・ヴィノグラドスキー（1856 ~ 1953）

第6章

根の周囲に生息する土壌微生物

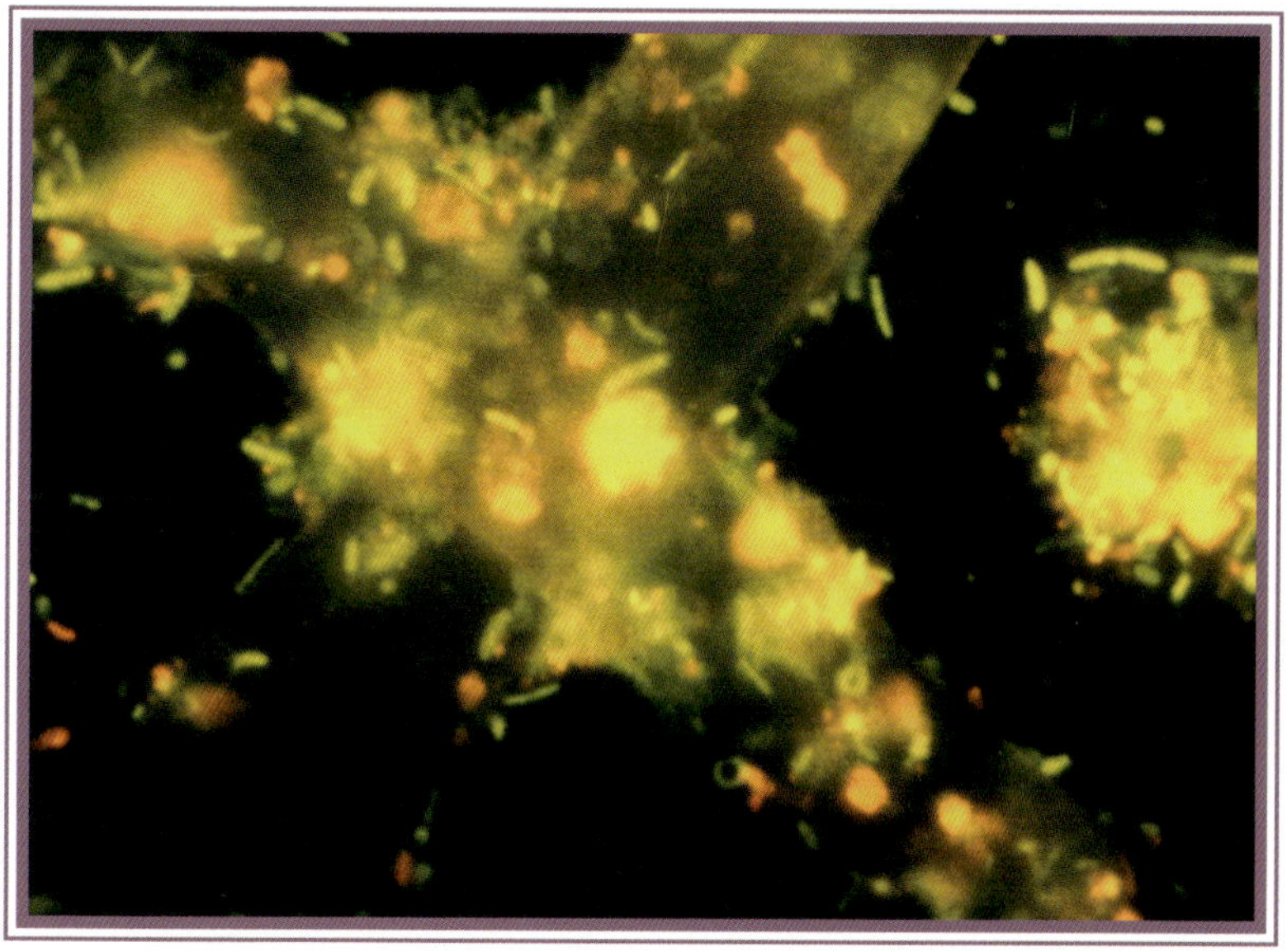

根圏の土壌微生物

土壌微生物の活動は根圏に集中する

植物は、生育のために根によって養分や水分を吸収し、また呼吸を行う。このため根の周囲の土壌は無機物の養分や酸素の割合が少なく、二酸化炭素が多くなる傾向にある。一方、植物は根から、糖、アミノ酸、有機酸、ビタミンなどを分泌し、さらに老化して枯死した根毛が土壌に脱落するなどして、根の周囲はさまざまな有機物が豊富に存在する。そのため、根の周囲の土壌は、それより外側の土壌とは、養分組成、pH、水分含量などの環境条件が異なっている。このような根の周囲の土壌のことを「根圏土壌」といい、植物の根と根圏土壌を含めた範囲を「根圏」と呼ぶ。また、根圏は、根の内部、根の表面、根の周囲に分けることができ、それぞれ「内部根圏」、「根面」、「外部根圏」と呼ぶ。

土壌微生物のエサとなる有機物が豊富にある根圏土壌では、それより外側の土壌（非根圏土壌）の数十倍から数百倍の密度で微生物が生息しているといわれており、細菌、放線菌、カビなどが根圏に集中して活動している。

根圏の範囲と土壌微生物の量

根圏とは一体、どのくらいの範囲なのだろうか？　根圏土壌の環境条件は、有機物の量や土壌の種類によっても大きく異なる。また、土壌微生物の種類や量によって、根に影響を与える範囲は違ってくるため、一概に根圏の範囲を決めることはできない。次頁の表に示した測定データによると、微生物密度は、根の表面から０・３㎜離れると１００分の１になり、１・８㎜離れると１０００分の１近くまで低くなることがわかる。このように根圏の範囲は意外に狭く、一般的には数㎜の範囲内といわれている。

根面は土壌微生物にとってエサの宝庫

根圏のなかでも、土壌微生物が最も多く生育している場所は、根からの分泌物が多く存在する「根面」である。とくに根の先端部（根冠付近）からは、「ムシゲル」と呼ばれる粘性の高い物質（多糖類、有機酸、アミノ酸などが含まれる）が分泌され、この粘性物質が根の表面を覆い、そこに土壌微生物が定着する。土壌微生物はムシゲルを分解して、植物の成長に必要な養分やホルモンなどの物質をつくっている。

また、ムシゲルの分解により生じた養分は、外部根圏に生育している土壌微生物にも提供されるため、根面に生息する土壌微生物は根圏全体の物質循環にとって大きな役割を担っているといえる。

根圏土壌の構造

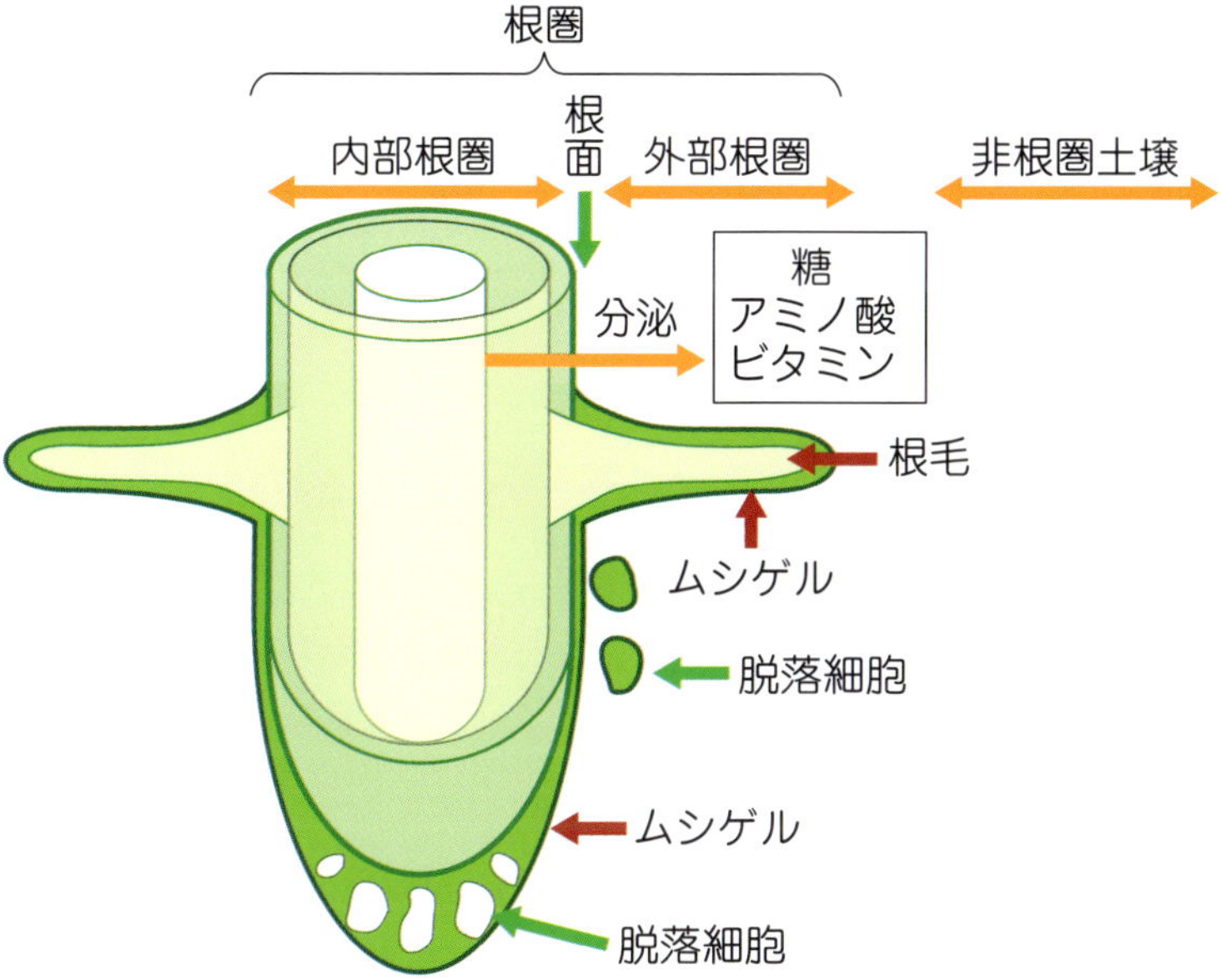

（資料：西尾道徳『土壌微生物の基礎知識』農文協）

根周囲の土壌微生物密度の比較

	根表面からの距離（mm）		
	0	0.3	1.8
微生物密度 (μg /cm^3)	1,509 (100)	14.5 (0.96)	2.19 (0.15)
有機物濃度 (μg /cm^3)	0.262 (100)	0.083 (32)	(0.093) (35)

注.「標準的」条件の畑状態土壌で根からの分泌開始後10日目の根表面から距離別の微生物密度とエサとなる有機物の濃度の予測
（　）内の数値は根表面からの距離が0mmのときを100とした際のパーセンテージ

（資料：Newman and Watson、1977）

根の構造と土壌微生物

根の構造と働き

根圏を理解するために、まずは植物の根の構造と働きについて知ることが重要である。根の働きには大きく3つあり、①倒れないように植物を支える、②養分や水分を土壌から吸収する、③吸収された養分や水分を上部の茎へと運搬する、といった役割がある。

根のいちばん外側には「表皮」があり、その内側には「皮層」がある。皮層はやわらかい組織で、デンプンや塩類などを貯蔵し、細胞間のすき間では酸素を運搬している。皮層の内側には内皮があり、その先の根の中心部付近は、かたい組織である「中心柱（維管束と髄）」がある。中心柱には、根から吸収した養分や水分を地上部へ運ぶ「導管」と、地上部でつくられた光合成産物を根に運ぶ「篩管《しかん》」がある。

根の先端には丈夫な「根冠」があり、根冠のすぐ上にある「成長点（根端分裂組織）」を包んで保護している。根は成長点で細胞分裂が盛んに行われ、新しく形成された細胞は伸長してゆき、次々に古い細胞と置き換わっていく。古い細胞は根から脱落し、微生物のエサとなる。

若い根の先端付近には、「根毛」と呼ばれる直径10㎛程度の糸状の突起が出ている。根毛は表皮の細胞が成長したもので、それぞれがひとつの細胞からなる。植物は根毛を大量に生やすことによって根の表面積を大きくし、養分や水分の吸収効率をよくしている。

根の内部に入り込む土壌微生物

根の部位のなかでも、細胞分裂が盛んに行われ、土壌微生物のエサとなる「ムシゲル（粘性の高い物質）」（64頁）が豊富に存在する根冠付近に、土壌微生物は最も多く生育する。

土壌微生物はムシゲルの内部もしくは周囲の根面に定着して活動するが、根面からさらに根の内部（内部根圏）にまで侵入するのは容易なことではない。

根の内部組織は有機物であるため、土壌微生物にとっては根のなかに侵入して、エサとなる有機物を獲得したいところではあるが、植物は外部からの侵入微生物をむやみに体内に入れさせない自己防御機構が備わっている。この防御機構を突破できた土壌微生物だけが内部根圏で生きることができる。

内部根圏に侵入できる土壌微生物は、「菌根菌（68頁）」「根粒菌（74頁）」のほか、土壌伝染病の病原菌（78頁）などのごく一部の種類に限られており、それらは根に共生して生育する根粒菌や菌根菌と、根に寄生して生育する病原菌に分けることができる。

植物の根の構造

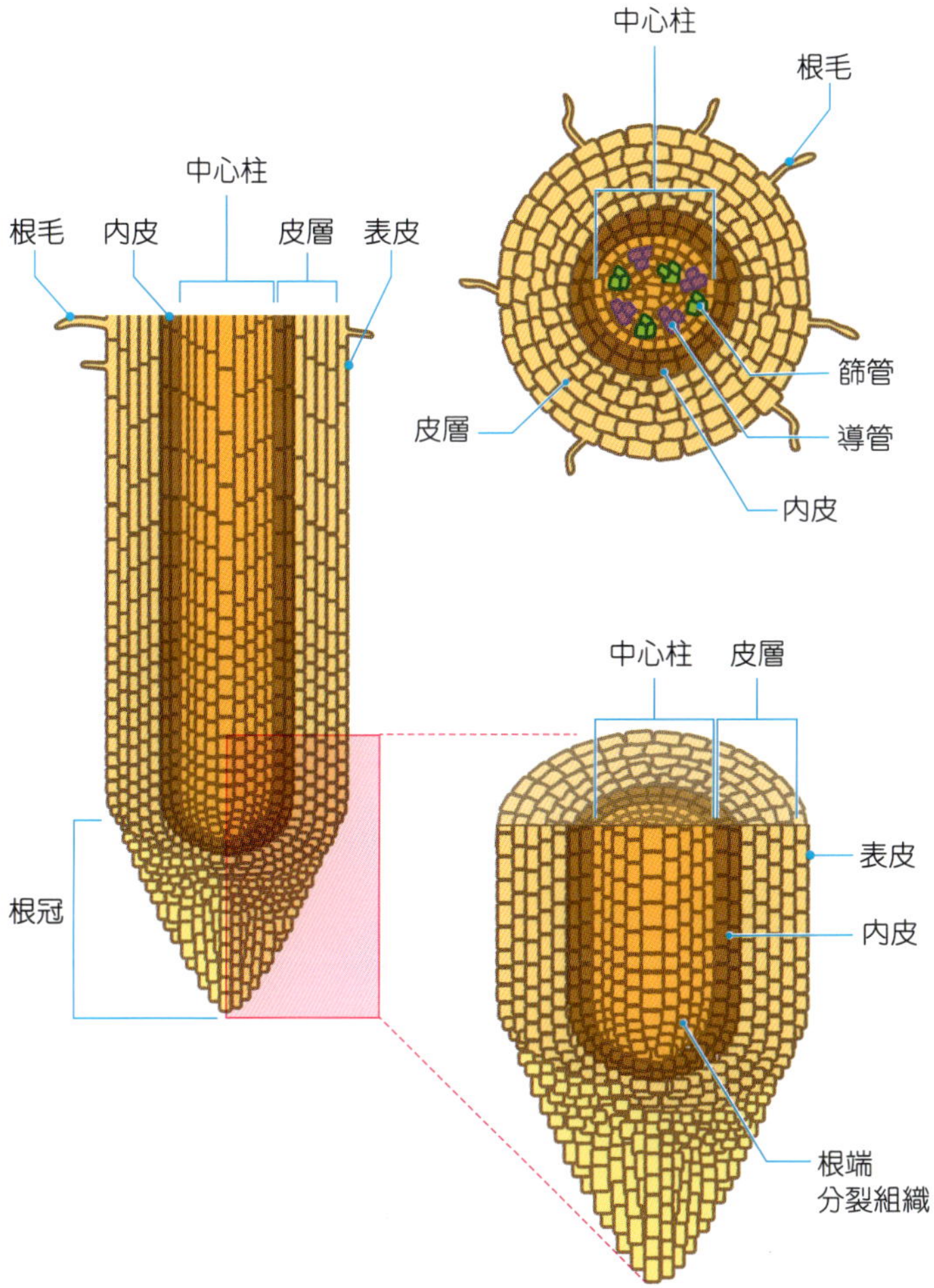

菌根菌の役割と種類

「共生」と「寄生」の違い

異なった生物同士が相互に作用し合いながら、それぞれが接近して生活することを「共生」といい、互いの利益・不利益の関係性から、「相利共生（双方が利益を得る関係）」、「片利共生（片方のみが利益を得る関係）」、「片害共生（片方のみが害を被る関係）」、「寄生（片方のみが利益を得て、相手方は害を被る関係）」に分類することができる。

しかし農業分野では、一般的に相利共生のことを「共生」と呼ぶことが多い。

菌根菌と植物との共生

植物の根の内部に侵入して、植物と共生して生育する土壌微生物のなかに「菌根菌」と呼ばれる菌類（カビやキノコ）がいる。菌根とは、菌類と共生している根のことを意味し、その根に共生している菌類を菌根菌と呼ぶ。

菌根菌は、菌糸を根の皮層細胞内に侵入させて、根から糖分などの供給を得る一方、土壌中から菌糸によって吸収したリンなどの無機養分や水分を植物に提供する働きがある。土壌中には植物が養分として利用できるリンがあまり存在しないため、土壌中のリンをかき集めて根に供給してくれる菌根菌は、植物にとっては大変ありがたい存在といえる。一方、菌根菌にとっても、根からエサとなる有機物を与えられるため、植物と菌根菌はともに利用し合いながら助け合って生きているといえる。

菌根の種類

菌根にはいくつかのタイプがあり、おもなものとしては、「外生菌根」「ツツジ型菌根」「ラン型菌根」「アーバスキュラー菌根（ＡＭ菌）」などがある。

外生菌根は、菌糸が根の細胞壁の内側に侵入しないタイプの菌根で、おもに担子菌に属する菌類（キノコなど）であり、マツやブナなどの樹木の根に共生する。

ＡＭ菌根はほとんどすべての陸生の高等植物の根に共生しており、最も一般的な菌根である。ＡＭ菌根菌は、菌糸を根の皮層の細胞に侵入させて、木の枝のように張りめぐらせて「樹枝状体」を形成し伸ばす。ＡＭ菌根は「ＶＡ菌根」とも呼ばれている（72頁）。

外生菌根菌は、菌糸が根の細胞内に侵入しないことから付いた名称であるが、菌糸が細胞内に侵入する菌根菌を総称して、便宜的に「内生菌根菌」と呼ぶこともある。ＡＭ菌根やツツジ型菌根はその意味では内生菌根菌に属する。

「共生」と「寄生」の定義

- **相利共生** → 双方が利益を得る
- **片利共生** → 片方のみが利益を得る
- **片害共生** → 片方のみが害を被る
- **寄　　生** → 片方のみが利益を得て、相手方は害を被る

注．農業分野では、相利共生のことを「共生」と呼ぶことが多い

菌根のタイプ

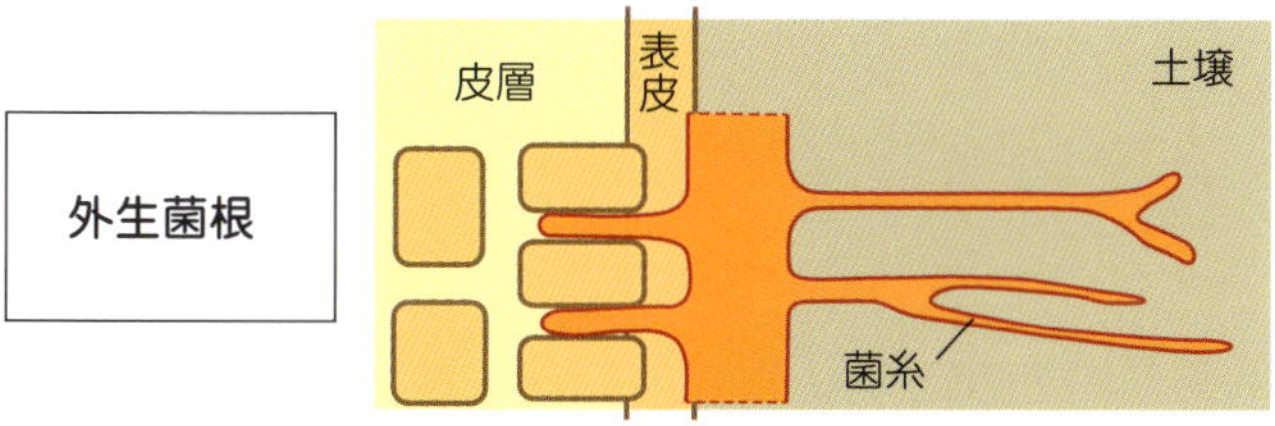

マツやブナなどの樹木の根に共生するキノコ

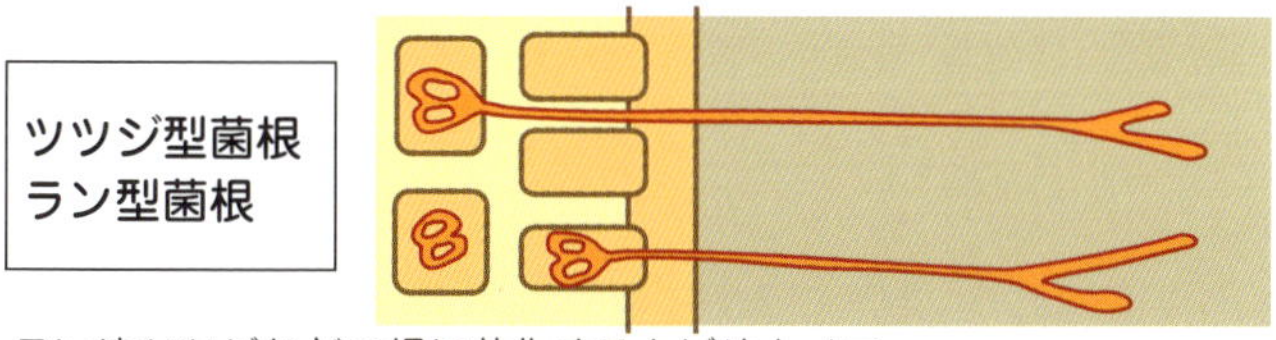

ランやツツジなどの根に共生するカビやキノコ

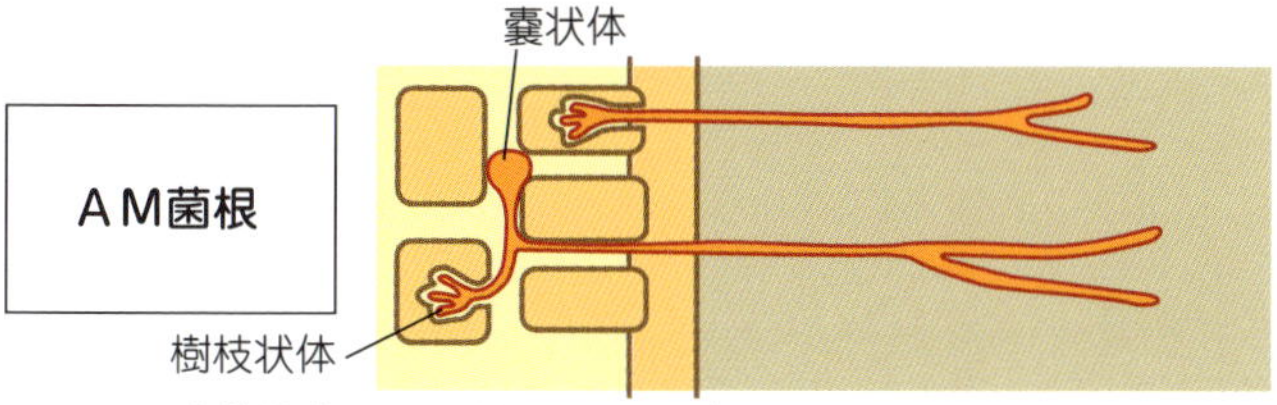

あらゆる高等植物の根に共生するカビ

外生菌根菌の特徴

マツタケは外生菌根菌の代表例

外生菌根の代表例として、アカマツの根に共生するマツタケがある。森林に生育しているキノコには2つの種類があり、枯れ木や倒木に生えるのが「腐朽菌」で、生きている木の根に共生して生えるのが「菌根菌」である。腐朽菌にはシイタケやマイタケなどがある。マツタケは土壌中にあるリンなどの養分や水分をかき集めてアカマツに与えるかわりに、アカマツからは糖分などのエサをもらって生きている。

根のかわりの働きをする菌糸

マツタケは、アカマツの木の周りに円を描くように生えていることが多いが、これは、マツタケの下には「シロ」と呼ばれる、直径数mにも及ぶ環状の菌糸のかたまりがあり、シロはアカマツの木を中心に外側に円を描くように広がって成長しているためである。

木の根に付着した菌糸は、根の伸長に沿って伸びていくが、新たな若い根が出ると、それを「菌鞘」と呼ばれる菌糸の膜で覆い、さらに根の表皮を通過して皮層細胞の間を伸長し、「ハルティヒネット」と呼ばれる構造物をつくる。このとき菌糸は、皮層細胞のなかにまでは侵入しない。菌鞘の色や厚さなどは菌根菌の種類によって異なり、それぞれが特有の形態を有する。

菌根を形成した根は、やがて丸くなって短くなるが、からみついた菌鞘が根のかわりに養分や水分を吸収する。ただし、根の先端だけは菌鞘がつかないので、根の伸長が菌鞘で妨げられることはない。

菌根菌のさらなる役割

外生菌根菌が感染した樹木は成長が促進されることはよく知られている事実であるが、それは菌根菌が土壌からの養分吸収を助け、また、水分も根のかわりに吸収するために木の耐乾性が高まることが理由である。

また、菌根菌には植物の成長を促進する重要な働きがもうひとつある。それは、内部根圏に侵入してくる病原菌から根の細胞を守ることである。成長したばかりの若い根のまわりをすぐに菌鞘で覆うことにより、病原菌が細胞内に侵入するのを防ぐ働きがある。もし仮に病原菌が根の内部に入り込めたとしても、ハルティヒネットの構造物が邪魔をして病原菌の増殖を抑えてくれる。さらに、菌根菌や菌根が病原菌に対する抗生物質をつくる例も認められており、菌根菌は植物を病原菌から守るバリアー役になっている。

アカマツとマツタケ

アカマツ林

アカマツの根に生えたマツタケ

アカマツの菌根

（写真：奈良県森林技術センター）

外生菌根の菌鞘

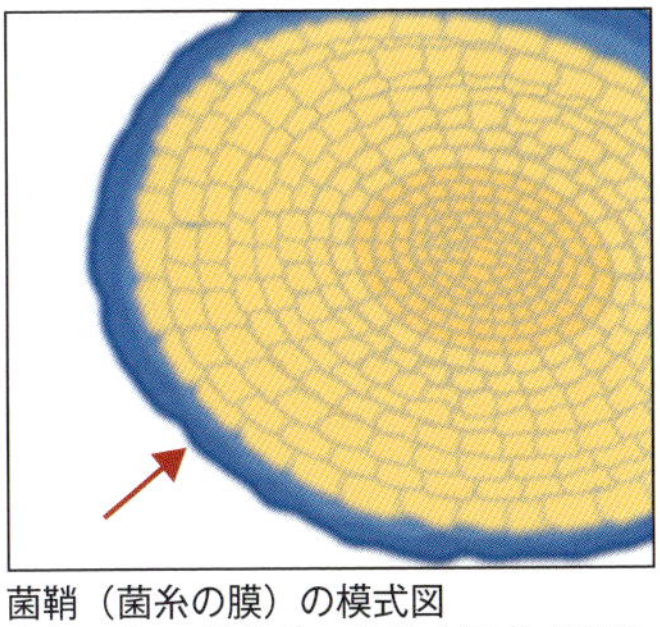

菌鞘（菌糸の膜）の模式図
青色の部分が菌鞘であり病原菌が細胞内に入るのを防ぐ

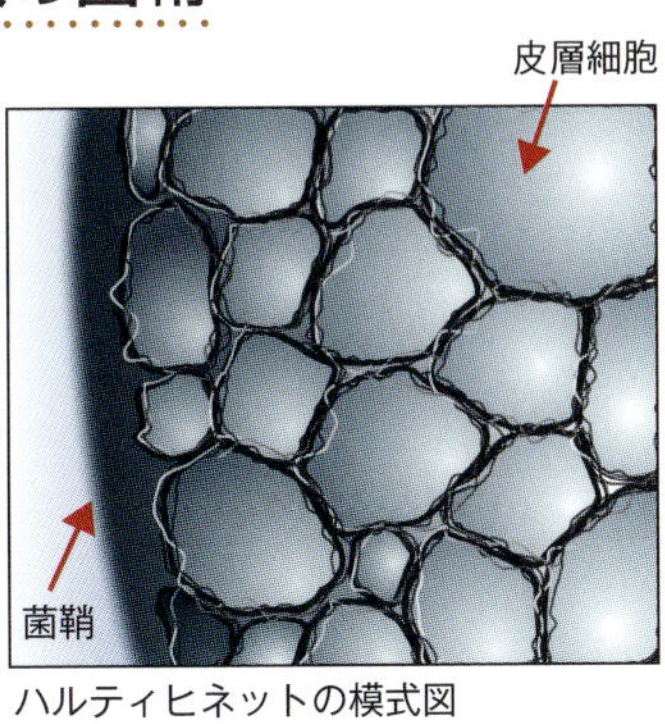

ハルティヒネットの模式図
菌糸が細胞と細胞の間で伸びてつくられる構造物

アーバスキュラー菌根菌の特徴

ＡＭ菌根菌の構造と働き

アーバスキュラー菌根菌（ＡＭ菌根菌）は、草本をはじめとする、ほとんどすべての陸上植物の根に共生する菌類（カビ）であり、菌根菌のなかでは最もよく見られる土壌微生物である（現在１５０種程度が同定されている）。また、ＡＭ菌根菌は、根粒菌とは異なり、一種類のＡＭ菌根菌が多くの種類の植物と共生することができる。ＡＭ菌根菌も外生菌根菌と同様、植物の根に定着すると、皮層細胞の間をかきわけて菌糸を根の内部に侵入させる。また、土壌側では広い範囲に菌糸を伸ばしていく。

外生菌根菌との違いは、根の内部に侵入させた菌糸を皮層細胞の細胞壁の内側に押し込ませ、そこで菌糸を木の枝のように張りめぐらせて「樹枝状体（Arbuscule）」と呼ばれる構造物をつくることである。また、ＡＭ菌根菌は樹枝状体のほかに、細胞間隙に袋のような形をした「嚢状体（Vesicle）」も形成することから、それぞれの英語の頭文字をとって「ＶＡ菌根菌」と呼ばれることもある。

土壌中に伸長した菌糸の先端には「胞子」が形成される。通常、胞子は土壌中で休眠しているが、気温が上昇するなどして植物の根の生育が活発になり、胞子の発芽環境がよくなると、胞子から菌糸を伸ばして土壌中に広がっていく。

ＡＭ菌根菌はリンの運び屋

ＡＭ菌根菌は、リン、亜鉛、銅、鉄など植物が吸収しにくい無機養分を植物に与え、かわりに植物からは糖分を提供してもらって生きている。とくにリンは植物にとっては細胞成分となる重要な栄養源であるため、リン濃度の低い土壌の植物はＡＭ菌根菌の恩恵を大きく受けている。大部分の農作物はＡＭ菌根菌と共生することができる。

植物は根から数㎜の範囲内にあるリンしか吸収できないが、ＡＭ菌根菌と共生することにより、その数十倍も離れたところにあるリンを獲得することができるようになる。土壌中からかき集められたリンは、根の内部に形成された樹枝状体まで運ばれ、そこで植物に吸収される。しかし近年、農耕地において、リンなどの無機養分を含有した肥料を大量に使うようになったことから、ＡＭ菌根菌の数は土壌中から減ってきているといわれている。

ＡＭ菌根菌はリンなどの養分の吸収を促進するほかに、水分吸収を助ける働きがある。そのため、ＡＭ菌根菌が共生した植物は養分の乏しい土壌でも生育でき、しかも乾燥に強いものとなる。また、外生菌根菌と同様に、ＡＭ菌根菌は植物の根から病原菌が侵入するのを防ぐ働きがあるといわれている。

AM菌根の構造

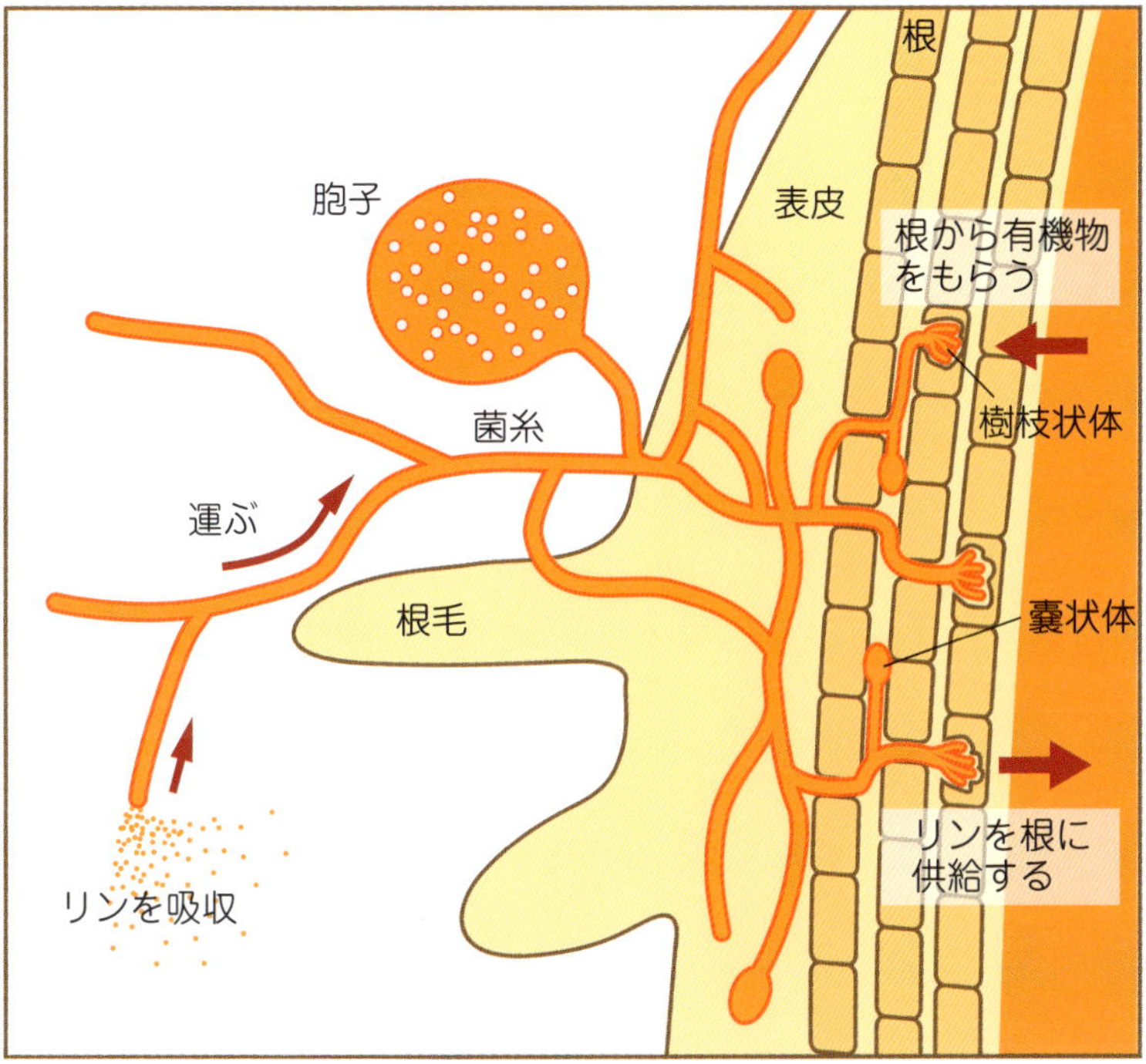

（資料：西尾道徳著、森上義孝絵『微生物が森を育てる』農文協）

AM菌根菌の有無とリン吸収量の関係

リン施肥量 (mmol/kg)	AM菌根菌の接種	菌根菌定着率 (%)	乾燥物重量 (mg/ 植物)			乾燥重量当たりのリン量（μg/mg）	
			根	茎葉	全体	根	茎葉
0	−	−	36	39	75	0.53	0.79
	＋	74	51	58	109	1.34	1.98
0.2	−	−	57	63	120	0.75	1.02
	＋	72	57	90	147	2.12	2.83
0.4	−	−	70	97	167	1.20	1.29
	＋	63	60	104	164	3.00	3.11
0.67	−	−	87	132	218	1.77	1.57
	＋	53	67	120	187	2.33	2.83

（資料：堀越・二井、2003）

共生的窒素固定菌の特徴

根粒菌は植物に窒素を与える共生菌

植物の根の内部（内部根圏）に侵入し、植物と共生して生育する土壌微生物には、菌類（カビやキノコ）である「菌根菌」のほかに、「根粒菌」と呼ばれる細菌がいる。

根粒菌は、ダイズなどのマメ科植物の根に侵入し、「根粒」と呼ばれる直径1～数㎜のコブを根に大量につくる。根粒のなかの根粒菌は増殖能力を失い、「バクテロイド」と呼ばれる形態に変化する。そこでは空気中の窒素ガスを、植物が養分として吸収できるアンモニアやアミノ酸（グルタミン酸）に変えて（空中窒素固定）、植物に窒素成分を提供している。そのかわりに根粒菌は、宿主である植物からエネルギー源である糖分をもらっている。このように、植物の根に共生して大気中の窒素ガスを固定する微生物のことを「共生的窒素固定菌」と呼ぶ（36頁）。

マメ科の植物には、ダイズのほかにクローバー、エンドウ、アズキなどさまざまな種類があるが、それぞれの種類のマメ科植物に共生できる根粒菌の種類は決まっており、特定の組み合わせ同士でしか共生しない。また、特定の組み合わせ同士のマメ科植物と根粒菌が土壌中の近くに存在しないときは、根粒菌はふつうの土壌微生物と同じような生活をしており、窒素ガスの固定は行われない。

根粒菌以外の共生的窒素固定菌

植物の根に共生して大気中の窒素ガスを固定する土壌微生物は根粒菌だけではない。マメ科以外の植物でも、ハンノキやヤマモモなどの樹木の根には「フランキア（Frankia）」と呼ばれる放線菌が共生して根粒をつくり、根粒菌と同じように大気中の窒素ガスを固定することが知られている。しかしフランキアは、特定の植物との組み合わせが決まっている根粒菌とは異なり、ひとつの種類のフランキアは、いくつかの種類の植物と共生することができる。

根粒菌とマメ科植物との共生の識別機構などについては以前から研究が進められており、農耕地においてマメ科植物に根粒菌を人工的に接種する方法が利用されている。これによりマメ科植物の収量が増加し、農耕地では大きな成果をあげている。一方、フランキアも、共生相手の識別機構や窒素固定のメカニズムが遺伝子レベルで研究されはじめており、いずれは窒素固定能力の高いフランキアをほかの植物に接種して、根粒を人工的につくらせることが可能になるかもしれない。そうなれば、マメ科以外の植物でも、窒素成分の乏しい土壌において窒素肥料を大量に施用することなく生育を促進することが可能となるため、フランキアの研究は、現在大いに期待されている。

根粒における窒素固定

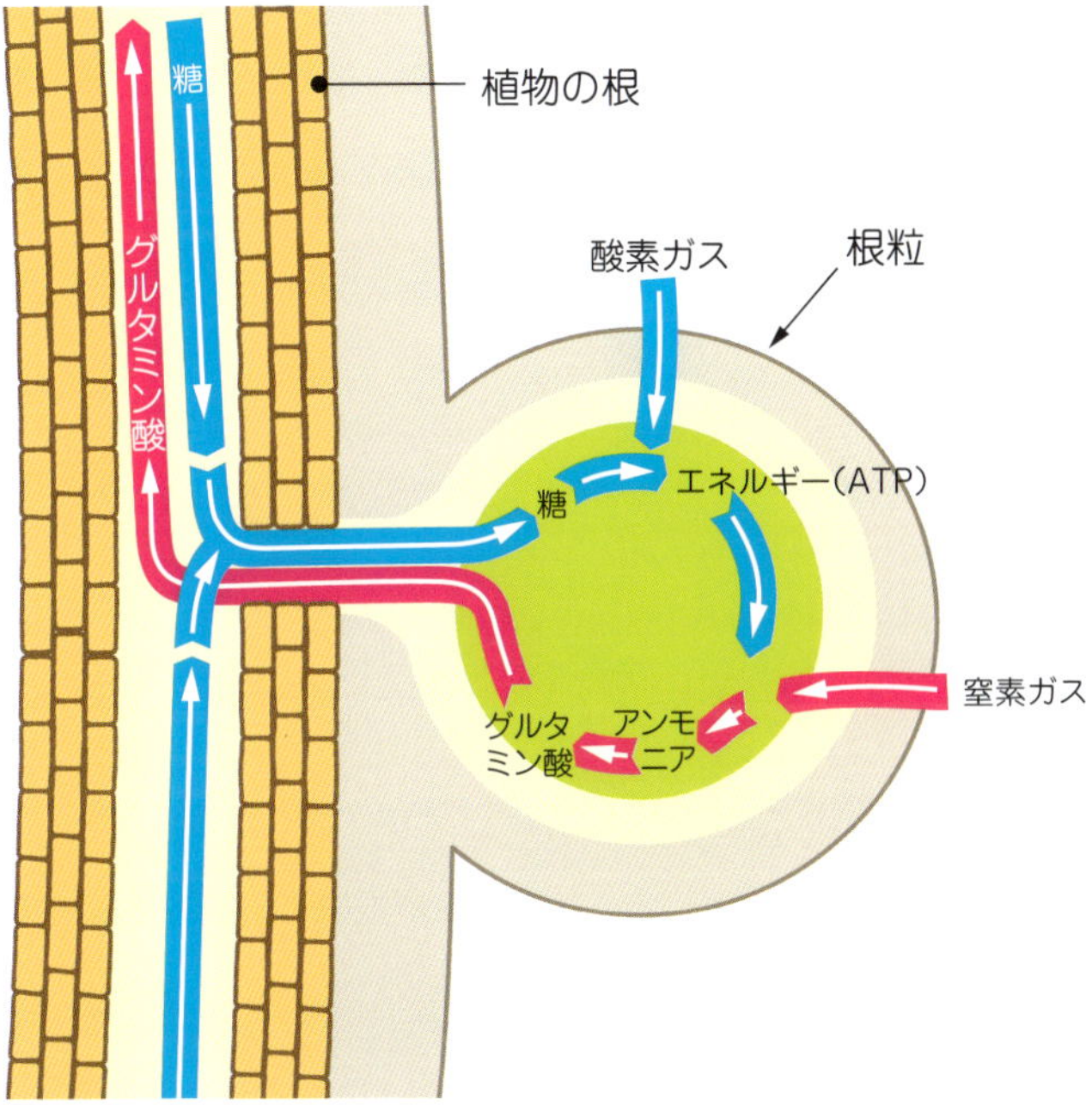

ヘアリーベッチ（マメ科の一年草）の根粒

ハンノキの根粒の断面

キノコにはふたつの種類がある！

●枯れ木や落ち葉に生えるのが「腐朽菌」

森や林のなかで、落ち葉のそばや、倒木に生えているキノコをよく見かけるが、キノコにもふたつの種類がある。キノコは、カビや酵母と同じ菌類の一種であることは説明したが、栄養の吸収の仕方から、落ち葉や枯れ木など、死んだ生物の細胞を分解する「腐朽菌」と、生きている木の根に共生して生える「菌根菌」に分けられる。

腐朽菌の代表例としては、白色腐朽菌に分類されるシイタケ、マイタケ、ナメコ、エノキタケ、ヒラタケ、カワラタケなどがあり、また、褐色腐朽菌にはオオウズラタケ、サルノコシカケ、イチョウタケなどがある。腐朽菌は栽培が比較的簡単なため、食用としてさまざまな種類のキノコが菌床栽培されている。

●生きている木の根に生えるのが「菌根菌」

一方、森林の地上に生えている大部分のキノコは、生きている木の根に付着して生える菌根菌である。キノコは地表に生えるが、地中は根につながっている。菌根菌の代表例は前述したマツタケがあるが、そのほかにアミタケ、ショウロ、トリュフ、ホンシメジなどがある。菌根菌は特定の木の根にしか共生しないため、人工栽培がむずかしく、食用としては希少で高級なものが多い。

菌根菌

木の根に付着して生えている

腐朽菌

落ち葉や木から生えている

第7章 根に寄生する土壌微生物

土壌伝染性病原菌のタイプ

土壌伝染性病原菌と病害

ある生物がほかの生物から栄養分などを一方的に奪って利益を得て、反対に相手側の生物は不利益を被る関係を「寄生」という。また、土壌中で植物の根の防御機構を突破して細胞内部（内部根圏）にまで侵入し、植物から一方的に養分などを奪って植物を生育不良にさせる寄生菌のことを「土壌伝染性病原菌（病原微生物）」と呼び、それらの土壌微生物によって引き起こされる病気を「土壌伝染性病害」と呼ぶ。

農耕地においては、同じ作物を広い範囲で栽培することが多いため、いったんその作物に寄生する病原菌が増殖すると、病害がその畑や水田全体に広がる可能性がある。

土壌伝染性病原菌の分類

生物の死体やその分解途中のものからエネルギーや栄養を獲得する微生物を「腐生微生物」と呼ぶが、腐生微生物の性質を残しながら、生きている植物にも寄生する病原菌を「非絶対寄生菌（未分化寄生菌）」と呼ぶ。一方、寄生的な性質が強まり、生きた植物からしか養分をとれなくなった寄生菌を「絶対寄生菌（分化寄生菌）」と呼ぶ。

非絶対寄生菌は、根の防御機能の弱い部位などで、ほかの腐生微生物と競争しながら有機物を獲得して増殖する微生物で、多くの土壌伝染性病原菌がこのグループに属する。一方、絶対寄生菌は、腐生微生物との競争は弱くなり、土壌中での増殖能力は低下するが、寄生する範囲を生きた根に特殊化して狭くすることにより生き延びている。

病気の症状によるタイプ分け

土壌伝染性病原菌には、おもに細菌、菌類、放線菌、ウイルスなどがあるが、そのなかでも菌類であるカビによる病害が最も多く見られる。土壌伝染性病害は、病気の症状から次の3つのタイプに大別される。

①**柔組織病**：根の皮層などのやわらかい組織を腐らせるタイプで、苗に感染すると「苗立枯病」になり、生育した植物に感染すると「根腐病」となる。

②**導管病**：根から侵入した病原菌が導管に入り、導管が閉塞するなどして水分の上昇が妨げられることにより、地上部がしぼむ病害のタイプである。

③**肥大病**：皮層などの根の表面組織に侵入し、細胞が異常に膨張してコブ状となり、それが導管を圧迫して水分の上昇を妨げる。そのため、水分が植物全体にいきわたらず、地上部がしぼむ病害のタイプである。

土壌伝染性病害のタイプ

柔組織病

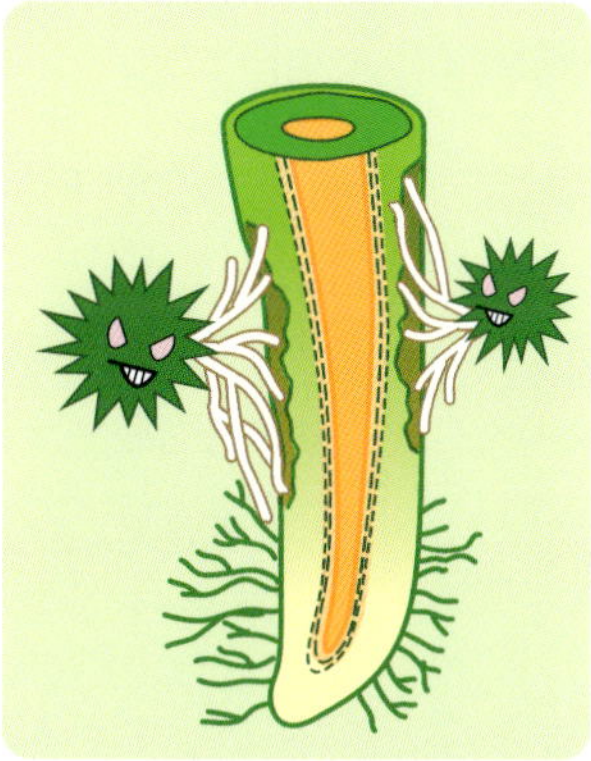

根の表層に侵入して柔組織を腐らせるタイプ

おもな病害

○軟腐病（細菌）
○ジャガイモそうか病（放線菌）
○根腐病（カビ）
○苗立枯病（カビ）など

導管病

根の中心部分にある導管に侵入して増殖するタイプ

おもな病害

○青枯病（細菌）
○つる割病（カビ）
○菌核病（カビ）
○萎凋病（カビ）など

肥大病

根の表層に侵入し、細胞が異常に膨張してコブ状となり、導管を圧迫するタイプ

おもな病害

○根こぶ病（カビ）
○根頭がん腫病（細菌）など

土壌伝染性病原菌の特徴と種類

土壌伝染性病原菌による症状

植物が土壌伝染性病原菌に感染すると、さまざまな症状が現れるが、その症状は病気の種類によって特有である。感染の結果、植物の細胞や組織に現れる形態の変化を「病徴」と呼び、そのうち、病徴が植物の体の一部にだけ現れた場合を「局部病徴」、全身に現れた場合を「全身病徴」という。局部病徴は斑点や褐変などで、全身病徴は植物全体の萎縮などである。

また、植物の表面に病原菌の組織などが現れることによって起こる外観上の異常を「標徴」と呼ぶ。うどんこ病に感染したオオムギに現れる白い粉などが例として挙げられる。

土壌伝染性病原菌の生活環

植物に寄生した病原菌は、植物から養分などを吸い取り、最終的に植物を枯らしてしまうこともあるが、生きた植物からしか養分をとれない絶対寄生菌のなかには、宿主となる植物がまだ生きている間に胞子や菌核などの「耐久体」をつくり準備をしておき、植物が枯れたあとは耐久体として土のなかで生き延びる手段をもっているものもいる。やがて新たに宿主となる植物の根が近くに現れると、耐久体は発芽を開始し、再び菌糸を伸ばして根に定着し、細胞内に侵入する。しかし耐久体は、ほかの土壌微生物によって食べられてしまうことが多く、土壌中で捕食されずに生き残った耐久体のみが、次の植物の感染源となることができる。

農耕地において、同じ作物を繰り返し栽培することによって生育不良になる「連作障害」は、耐久体を形成した病原菌のそばに、すぐにまた宿主となる同じ種類の作物が現れるので、病原菌の数は減少することなく、どんどん増えていくために起こるといわれている。また、土壌伝染性病害に対しては有効な農薬が少ないため、作物にとって重篤な病害を引き起こす病原菌も数多く存在する。

土壌伝染性病原菌の種類

土壌伝染性病原菌として最も多いのは菌類のカビであり、その次が細菌である。しかし、カビと細菌を合わせてもその数は数十種類といわれており、地球上には何万種もの菌類や細菌が生存していることを考えると、土壌伝染性病原菌の数はほんのひと握りにすぎない。ほとんどの土壌微生物は土壌中で病原性をもたずに、動植物の遺体などの有機物を栄養源にして生活していることがわかる。

土壌伝染性病害には、カビや細菌などの病原菌以外に、生物としては分類されないが、ウイルスによる病害もある。

病徴と標徴

- **病徴**　感染の結果、植物の細胞や組織に現れる形態の変化
  - **局部病徴**　病徴が植物の体の一部にだけ現れたもの
    （例：斑点、褐変、葉枯れなど）
  - **全身病徴**　病徴が植物の全体に現れたもの
    （例：萎凋、萎縮、奇形など）
- **標徴**　植物の表面に病原菌の組織などが現れることによって起こる外観上の異常
  （例：うどんこ病に感染したオオムギなどに現れる白い粉など）

土壌伝染性病原菌の生活環

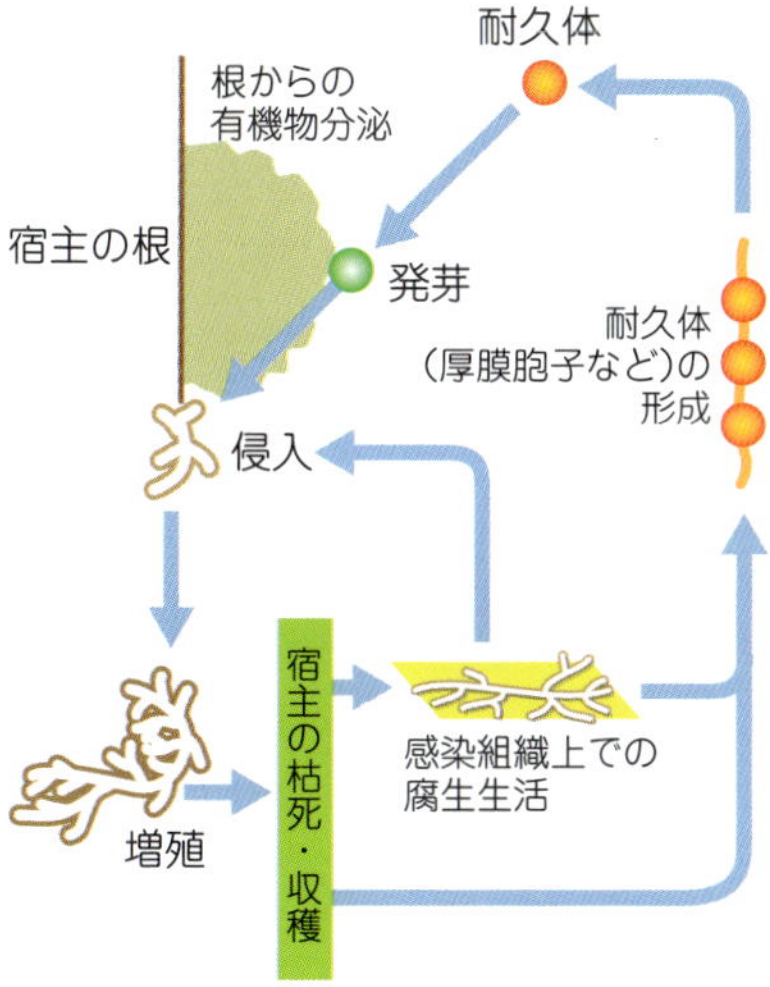

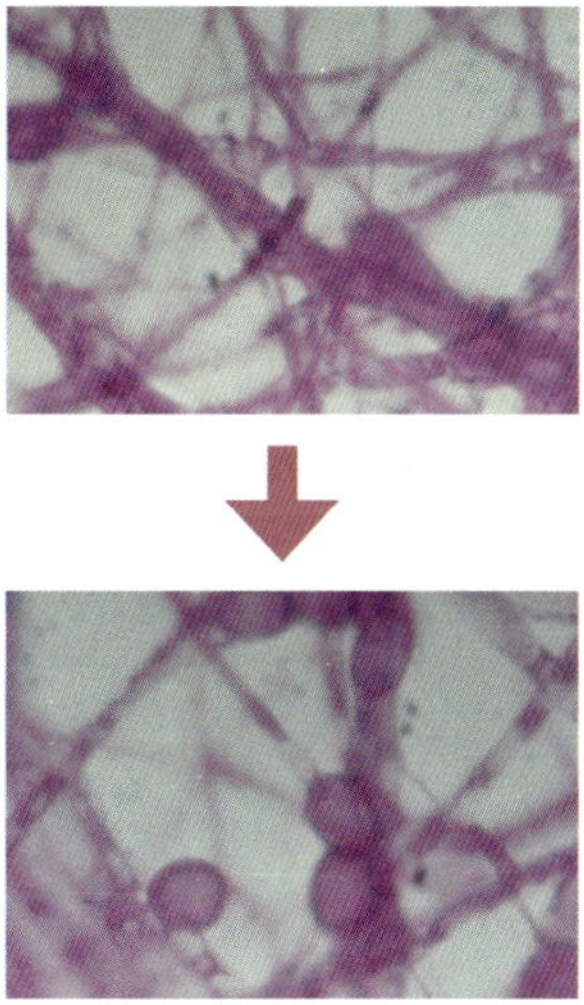

フザリウム菌は上のような菌糸の状態から養分をたくわえて、下のような厚膜胞子をつくる

カビによる土壌伝染性病害

カビによる病害と病原菌

土壌伝染性病原菌のなかで、最も被害が大きく、病害の種類も多いのが、カビによる感染である。農作物に被害を与える代表的なカビの種類と、その病害について以下に述べる。

根こぶ病菌

アブラナ科の植物の根に寄生するカビの一種である根こぶ病菌（*Plasmodiophora brassicae*）は、根にコブをつくって導管を圧迫する肥大病タイプの絶対寄生菌で、カブ、キャベツ、ハクサイ、ブロッコリーなどに感染する。根から地上部への水分や養分の輸送が妨げられるため、作物全体がしおれ、重篤な場合は株全体が枯死する。コブのなかには無数の休眠胞子がつくられ、その数は1gのコブのなかに10億個程度存在するといわれている。

フザリウム菌

土壌伝染性病害を引き起こす重要な病原菌として、フザリウム・オキシスポルム（*Fusarium oxysporum*）がある。この菌による病害は、根の導管に侵入して地上部への水分の上昇を妨げる導管病タイプで、作物の種類ごとに多数の分化型が存在する。それぞれの分化型は特定の作物にのみ、萎凋性の病害を引き起こす。たとえば、タマネギやニラの乾腐病、サツマイモやキュウリのつる割病などがある。また、フザリウム・ソラニ（*Fusarium solani*）と呼ばれる種類は、根の導管には侵入せず、表層の柔組織を腐らせる柔組織病タイプの病害を引き起こし、インゲンなどの根腐病の原因となる。

フザリウム菌は、土壌中で「厚膜胞子」と呼ばれる厚い膜で覆われた耐久体を形成して休眠しているが、宿主となる植物の根が近くに現れると、発芽して根に寄生する。そのためフザリウム菌は、連作障害を起こし、作物に大きな被害を与えることがある。

リゾクトニア菌

リゾクトニア・ソラニ（*Rhizoctonia solani*）が代表的な種類で、フザリウム・ソラニと同様に柔組織病タイプの病害を引き起こし、土壌中では厚膜化した菌糸塊または菌核などの耐久体をつくって生きている。おもな病害には、イネ紋枯病、ニンジンやトマトなどの根腐病や苗立枯病、ジャガイモなどの黒あざ病、ショウガの紋枯病などがある。

バーティシリウム菌

導管病タイプの病害を引き起こす病原菌で、バーティシリウム・ダーリエ（*Verticillium dahliae*）という種類の病原菌が最も問題となる。バーティシリウム菌は、黒褐色の菌糸が集まってかたまりになった「菌核」と呼ばれる耐久体をつくる。おもな病害には、ハクサイの黄化病、ナスやメロンの半身萎凋病などがある。

カビによる病害の種類

根こぶ病菌による病害（ハクサイ：根こぶ病）

フザリウム菌による病害
（キュウリ：つる割病）

フザリウム菌による病害
（インゲン：根腐病）

リゾクトニア菌による病害
（トマト：苗立枯病）

バーティシリウム菌による病害
（ハクサイ：黄化病）

細菌による土壌伝染性病害

細菌による病害と病原菌

カビに次いで、作物に多くの被害をもたらす病原菌の種類は細菌である。以下に、病原菌となる細菌のおもな種類と、その病害について述べる。

青枯病菌

青枯病は、青枯病菌（*Ralstonia solanacearum*）が植物の導管に侵入し、水分などの上昇が阻害されることによって起こる導管病タイプの病害で、地上部の葉っぱなどが急速に枯れて、植物がまだ青々としている状態で枯死することから、この名が付けられている。青枯病菌はトマト、ナス、ジャガイモなど多種類の植物（２００種以上）に寄生することができ、たとえ宿主となる植物が近くにいなくても、土壌中で何年間も生存することができる。宿主植物が現れると再度活動を開始し、植物に感染する。一度この菌が発生してしまうと、土壌中から完全に排除することはなかなかむずかしい。

軟腐病菌

軟腐病を引き起こす病原菌（*Erwinia carotovora* subsp. *carotovora*）は、植物の根の柔組織に侵入し、細胞と細胞をつなぐペクチンという物質を溶かす酵素を分泌して、組織をやわらかくして腐敗させる。軟腐病菌は、トマト、ピーマン、ハクサイなどの野菜類や、シクラメンやアヤメなどの花き類など、いろいろな種類の植物に寄生することができる。

かんきつ潰瘍《かいよう》病菌

この病原菌（*Xanthomonas campestris* pv. *citri*）はレモンなどの柑橘類の植物に寄生し、葉・茎・果実に潰瘍状の褐色の病斑をつくる。雨が多い季節に増殖しやすく、台風のあとなど、植物に傷がつくと、そこから病原菌が侵入しやすい。日本のみならず、世界で感染が認められており、栽培農家ではしっかりとした対策が必要となる。

根頭がん腫病菌

根頭がん腫病菌（*Agrobacterium tumefaciens*）は、感染した表層などの細胞が異常に膨張してコブ状となり導管を圧迫する、肥大病タイプの病害を引き起こす病原菌で、根などの傷口から侵入しやすい。感染した根は大小さまざまな大きさのコブをつくり地上部が衰弱するが、植物全体が枯死することはあまりない。リンゴ、ブドウ、カキなどの果樹に被害が多く認められている。

イネもみ枯細菌病菌

イネもみ枯細菌病菌（*Pseudomonas glumae*）は、おもにイネに感染してもみ枯細菌病を引き起こすが、そのほかにも数種類の牧草に感染が認められる。日本では、西南部の温暖な土地に発生しやすい。日本各地の稲作農家において、さまざまな防除対策が講じられている。

細菌による病害の種類

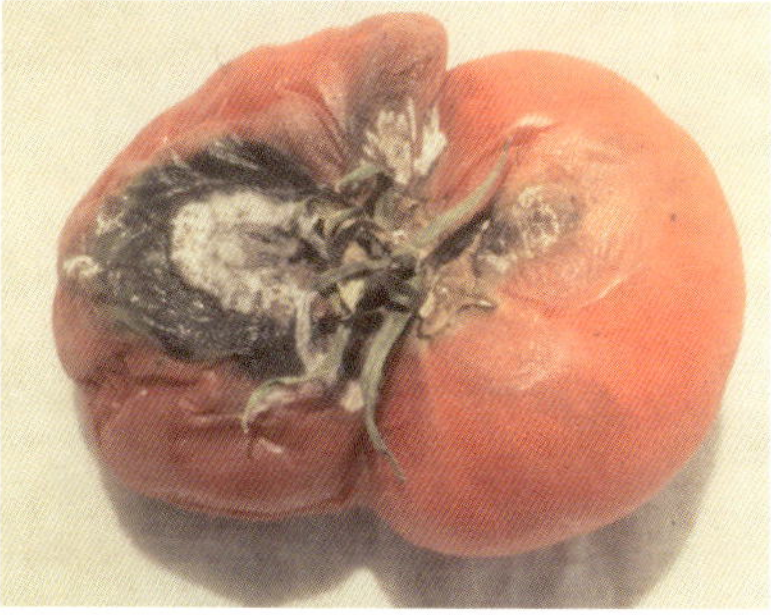

軟腐病菌による病害
（トマト：軟腐病）

青枯病菌による病害
（トマト：青枯病）

かんきつ潰瘍病菌による病害
（グレープフルーツ：潰瘍病）

根頭がん腫病菌による病害
（リンゴ：根頭がん腫病）

イネもみ枯細菌病菌による病害
（イネ：もみ枯細菌病）

放線菌とウイルスによる土壌伝染性病害

放線菌・ウイルスによる病害と病原菌

土壌伝染性病害の大部分はカビと細菌によるものであるが、そのほかにも数は少ないが、植物に寄生して被害をもたらす病原微生物が存在する。

ジャガイモそうか病菌

「そうか病」とは、感染部にかさぶた状の病斑ができる病害の総称で、ジャガイモのほかにダイコンやニンジン、テンサイなど多数の種類の植物に発症する病害である。宿主となる植物ごとに病原菌の種類も異なる。たとえば、柑橘類のそうか病はカビが原因であり、ジャガイモそうか病はストレプトマイセス属の複数の種類の放線菌（*Streptomyces acidiscabies* など）によるものである。ジャガイモそうか病は、塊茎（イモの部分）に隆起した褐色の丸い小斑が多数できる。この病原菌は、宿主となるジャガイモが近くにいなくても、土壌中で長期間生存することができる。

ウイルス

ウイルスは、自分と同じ遺伝情報を複製するという意味では、生物としての性質をもっているが、体内には細胞と呼べるものがなく、ほかの生物の細胞を利用しないと増殖できないため、生物としては分類されない。しかし、いったん植物に侵入すれば、自己複製して子孫を残すので、生物病原体として扱われることも多く、現在は20種以上の土壌伝染性ウイルスが認められている。

ウイルスは、種類によって伝染様式が異なる。ほとんどは昆虫などほかの生物によって媒介されるが、タバコモザイクウイルスのように、根の表面にできた傷口からウイルスが侵入して感染する種類もある。また、土壌中に生息する絶対寄生菌のカビ（オルピジウム菌やポリミキサ菌）によって媒介されるウイルスもいる。

ウイルスに感染した植物は、葉や花弁にモザイク状の斑点ができたり、巻き葉になったり、生育不良になるなどの症状が現れる。しかし、外見的な症状だけでは、原因となっているウイルスの種類を特定することはできず、防除対策のためには正確な診断によるウイルスの同定が必要となる。

代表的な日本の土壌伝染性ウイルス病には、トウガラシやピーマンに感染するトウガラシマイルドモットルウイルスによる「モザイク病」、キュウリなどに感染するキュウリ緑斑モザイクウイルスによる「緑斑モザイク病」、チューリップに感染するチューリップ微斑モザイクウイルスによる「チューリップ微斑モザイク病」などが挙げられる。

いずれのウイルスも、いったん発生してしまうと作物に甚大な被害を与え、その防除対策も困難をきわめる。そのため、ウイルス病は農家にとって頭を悩ませる病害といえる。

放線菌による病害

ジャガイモそうか病菌による病害
（上ーダイコン、右ーテンサイ：そうか病）

ウイルスによる病害

トウガラシマイルドモットルウイルス（略称：PMMoV）によるモザイク病（ピーマン）

チューリップ微斑モザイクウイルス（略称：TMMMV）によるチューリップ微斑モザイク病

病原菌の侵入を防ぐ自己防御機構のしくみ

●静的抵抗性で敵の侵入を防ぐ！

宿主となる植物は、ただ何もせずに、病原菌の侵入をだまって受け入れているわけではない。微生物の侵入に対して防御しようとする性質のことを「抵抗性」というが、抵抗性には「静的抵抗性」と「動的抵抗性」のふたつの種類がある。

静的抵抗性とは、植物が生まれながらにもつ防御機構のことで、敵の侵入を防ぐかたい表皮や、侵入した菌をやっつける抗菌物質などである。ジャガイモの芽に含まれるソラニンは、その代表例である。

●動的抵抗性で敵をノックアウト！

宿主の植物に病原菌が侵入したあとに起こる防御機構を動的抵抗性というが、感染を最小限に食い止めようと、植物細胞にさまざまな現象が起こる。たとえば、菌が植物の細胞表面に接すると、それより先の侵入を防ぐために、細胞壁の裏側に「パピラ」と呼ばれる乳頭状の障害物をつくる。また、侵入を受けた細胞の周囲をかたくして抵抗する。さらに、自らの細胞を死滅させることにより、その細胞に侵入した菌を死滅させる「過敏感反応」と呼ばれる手段をとることもある。

また、感染した部位に、通常は存在しない抗菌物質（ファイトアレキシンと呼ぶ）を分泌して敵から身を守る方法もあり、ファイトアレキシンは現在、100 種以上が確認されている。

植物のこのような幾多もの自己防御機構を突破できた寄生菌のみが、宿主内の細胞にさらに侵入することができる。

動的抵抗性と静的抵抗性

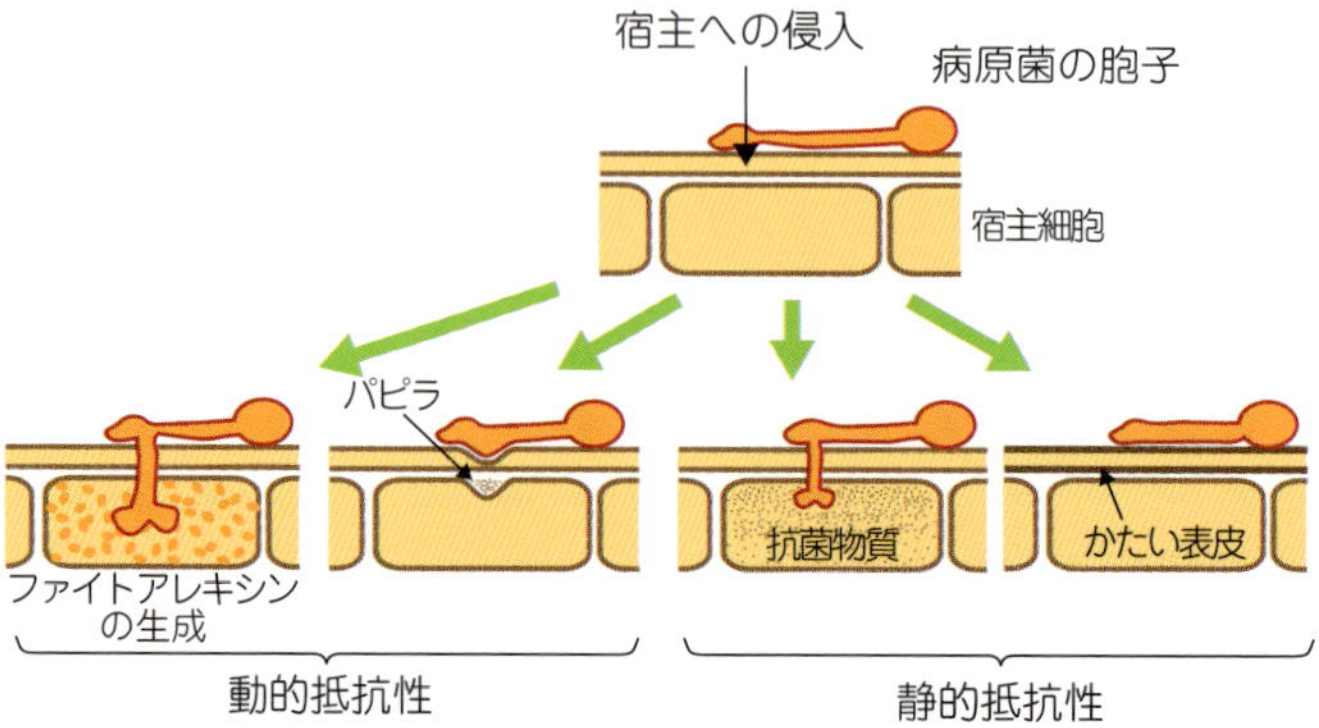

第8章
土の性質と土壌微生物

土壌の成り立ち① —土から土壌へ—

「土」と「土壌」の違いとは？

「土」と「土壌」はどちらも大地を覆う「つち」を示す言葉だが、その意味合いは異なり、一般的に区別して使われる。岩石が風化すれば「土」になるが、たんに岩石が微細化したものではなく、生物の働きによって植物生育に適した状態になったものを「土壌」と呼ぶ。

たとえば、地球の表面にも月の表面にも「土」は存在する。ただ、空気も水もないうえに太陽の強い影響により紫外線や温度格差が大きい（130〜マイナス170℃）月の岩石は、風化して微粒子（粉末）になってしまう。これは粉塵であり、「土壌」と呼べるものではない。一方、大気に包まれている地球は、温度格差が小さい（40〜マイナス40℃）うえに水がある。そのため、風化した岩石微粒子のなかに有機物を分解したりくっつけたりする微生物がすみ、腐植などが生成され、生物の育成に適した「土壌」がつくられていった。

生物の働きなくして土壌なし！

崩壊など物理的に破砕されて岩石が土になるだけではなく、生物も岩石を土に変える力をもっている。

岩石の表面にあるくぼみや亀裂に水がたまり適度な水分環境ができると、太陽エネルギーを利用できる「コケ」がまず侵入する。それが徐々に増殖するにつれ、コケに覆われた岩石の表面が少しずつ土に変わっていく。さらに、その土のなかでは無機物や有機物を活用する多様な微生物が増殖する。それらの多種類の微生物が活動することにより、「土」の性質が植物生育に適した「土壌」へと徐々に変化していく。

土壌の物理性を表す指標「土壌の三相」

土壌のもとである岩石は重いが土壌は軽く、また、岩石は水を含まないが土壌は水を含むことができる。これは、小さい鉱物粒子で構成される土壌にはすき間が多く、そのすき間に空気や水を含むことができるためである。

なお、土壌を構成する粘土などの鉱物を「固相」、水を「液相」、空気を「気相」と呼ぶ。これらの容積比率が「土壌の三相」であり、土壌の物理性を表す重要な指標である。

土壌の三相の比率は、土壌のかたさや透水性、保水性に大きく影響する。作物の生育に適する比率は、無機成分と有機成分から構成される固相率が40〜50％、作物への水の供給やイオンとして肥料成分を根から吸収させる役割をもつ液相率と、作物根へ酸素を供給する役割をもつ気相率が20〜30％といわれている。

土の表面を見てみると…

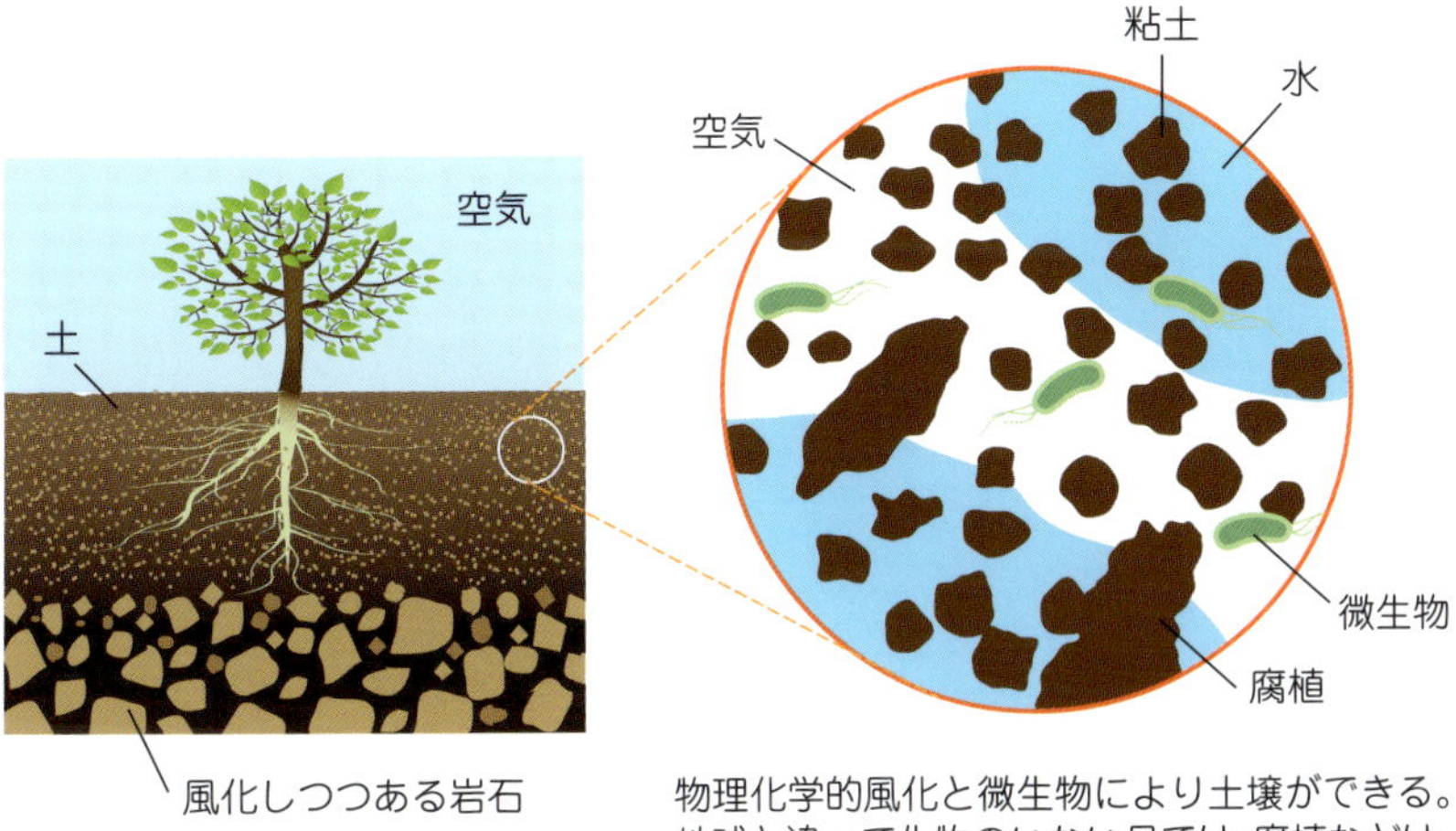

物理化学的風化と微生物により土壌ができる。地球と違って生物のいない月では、腐植などはできず、土はできても「土壌」にはならない

土壌の三相のイメージ

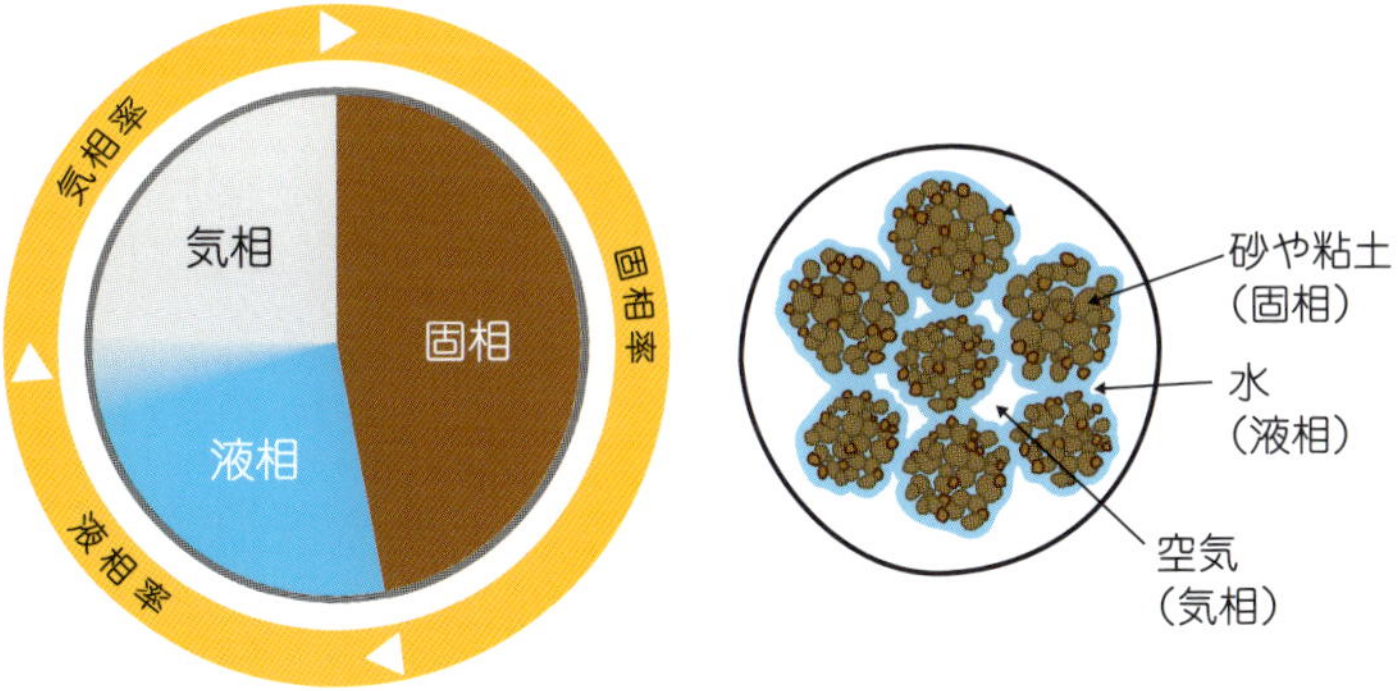

土壌の成り立ち②—土壌から土へ—

肥沃な土壌への変遷

新しい土壌の上で背丈の低い草類が生育できるようになると、その根や微生物の働きによってどんどん土壌の生成がすすみ、低い木が生育できる環境がつくられ、さらに背丈の高い樹木へと植物群落が変遷していく。

この地上での植物群落の変化は、地下にも大きく影響する。多様な植物の根が伸びて岩石を溶かす有機物を分泌し、枯れて微生物のエネルギー（エサ）になるとともに微細な孔隙をつくる。このように、根の働きによって岩石の分解が促進され、さらに微生物が活性化されることにより、腐植が蓄積。その結果、新たに土壌が生まれ、より深いところまで岩石の層が土壌の層へと変わっていく。

土壌は生成と消滅を繰り返す

土壌の上で大きな植物が育つようになると、落葉など地表への有機物供給が促進される。これを原料として腐植の蓄積がすすむことで、より肥沃な土壌となる。

ただし、さらに時間が経過すると土壌のなかの養分は溶脱し、養分が減少することにより、次第に植物生育に適さない環境、すなわち「土」へと変わっていく。

このように土壌は、数百年～数万年のときのなかで、生まれては消え、消えては再び生まれ…、を繰り返している。

日本における土壌の種類

生育要因や地形によって性質が異なる土壌は、その母材、堆積様式、性状などによって区分が行われている。

日本においては、１９５３（昭和28）年から開始された農林省（現農林水産省）の施肥改善事業に用いられた「施肥改善方式土壌分類」にはじまり、１９５７（昭和32）年に「農耕地土壌分類第二次案」が出され、それに基づき全国の詳細な土壌図が作成された。さらに、１９９４（平成６）年には第三次案が農業環境技術研究所より発表されたほか、林野土壌の分類や国土調査で用いられた土地分類など、さまざまな分類方法が提案されている。次頁に示したのは、一般的に利用されている「農耕地土壌分類第二次案改訂版」に基づく17区分の土壌とその特徴である。

ちなみに、世界における土壌分類は１９７５（昭和50年）にアメリカが提案した「ソイルタクソノミー」がこれまで使われてきたが、１９９８（平成10）年に国際土壌学会とＦＡＯ／Ｕｎｅｓｃｏが新たな世界土壌図凡例をまとめ、土壌分類方法統一化の方向が出された。

土壌の種類と特徴

土壌の種類	特　徴
岩屑土	山地、丘陵地などの傾斜面に分布し、土層が浅く地表面30cm以内から礫層となっている。中国、四国地方に多く分布し、おもに樹園地に利用
砂丘未熟土	風に運ばれた砂からなる粗粒質の土。日本海側、静岡、高知、南九州などの海岸沿いに分布。灌漑水の得られるところでは畑に利用されている
黒ボク土	火山灰を母材とし、黒い腐植の多い表層をもつ。リン酸を固定しやすく、物理性が良好。北海道、東北、関東、九州地域に分布。畑、樹園地に利用
多湿黒ボク土	黒ボク土が、地下水または灌漑水の影響を受けて下層に鉄やマンガンの斑紋が生成した土。排水がやや不安。おもに水田に利用されている
黒ボクグライ土	地下水位が高い排水不良な場所にある黒ボク土で、下層にグライ層をもつ。関東地域以北に多く分布し、水田に利用されている
褐色森林土	丘陵および山麓斜面などの排水の良好なところに分布。林地では腐植の多い暗色の表層をもつが、畑地では腐植が一般に少ない
灰色台地土	台地上に分布し、灰褐色であるが下層に鉄、マンガンの斑紋やかたい核がある。全国に分布し、おもに畑として利用されている
グライ台地土	台地または一部の山地や丘陵地にあり、強粘質で排水不良のためにグライ層をもつ土。全国に分布し、おもに畑として利用されている
赤色土	台地や丘陵地の排水良好な地帯に分布。腐植に乏しく、下層の土色が赤色ないし赤褐色。ち密で透水性がきわめてわるい。畑、樹園地に利用
黄色土	腐植含量は低く、下層の土色は明るい黄色ないし黄褐色を呈する。透水性、通気性は小さい。赤色土が年代の古い段丘面に、黄色土は新しい段丘面に分布
暗赤色土	石灰岩または塩基性岩を母材とする土で、下層が暗赤色を呈する。強粘質で耕起が困難で、耕土が浅いところが多い。おもに畑に利用
褐色低地土	沖積地のうち自然堤防や扇状地など排水良好な地帯に分布
灰色低地土	沖積地に広く分布する灰色の土。表層の腐植含量が少ないか、表層腐植層が薄い。水田におもに利用。地力が高い
グライ土	沖積地の凹地に堆積され、排水不良による過剰の水分のために酸素が不足して還元状態となっているグライ層をもつ。おもに水田に利用
黒泥土	泥炭が分解して植物組織がほとんど認められなくなったものに土壌が混合
泥炭土	色は黄褐色ないし赤褐色であり、肉眼で構成植物の組織を確認できる
造成台地土、造成低地土	農地造成、圃場整備、深耕、天地返しなどにより大規模な土層の移動、攪乱が行われた土壌

作物栽培に適した土壌の条件

「土壌団粒」のつくられ方

作物の栽培に適した土壌には、

・降雨によってたまる水が、適度に保持・排水される

・根に十分な酸素と水に溶けた肥料成分を供給できる

ことが必要である。これには土壌に適度なすき間（孔隙）が必要であり、そのためには土壌の「団粒構造」を発達させなければならない。団粒構造とは、肥料成分の貯蔵庫としての機能をもつ土壌粒子（粘土）が結合して集合体となり、その集合体がさらに集合体をつくる状態のことをいう。土壌粒子は電気的にはマイナスの電荷をもっているため、互いに反発し合い結合することはないが、土壌粒子を構成している鉄やアルミニウム（プラスの電荷をもつ）が、腐植物質や植物根、微生物の出す代謝産物（有機物）の仲立ちをして土壌粒子を結合させる。また、微生物が体のまわりに出す粘質物が接着剤の役割をして、直接結合させることもある。

土壌粒子が有機物の力によって結合したものを「有機・無機複合体」と呼び、これが結合し合ってミクロ団粒（一次団粒）がつくられる。さらに、堆肥のような粗大有機物やカビの菌糸のような大きな微生物も結合し、マクロ団粒（高次団粒）がつくられる。有機・無機複合体として強固な団粒ができると、水に入れても崩れない丈夫な耐水性団粒となる。

団粒の特徴とメカニズム

土壌が団粒化すると、土壌中のすき間が多くなる。これにより、通気性や排水がよくなるとともに、微細なすき間に含まれる水によって水もちもよくなる。

次頁の図に、土壌粒子の配列の様子を示した。土壌粒子が同じ大きさだと仮定すると、縦横に整列した状態（正列）では計算上すき間は約48％、交互に整列した斜列では約26％である。それに対し、団粒構造が形成されると60％以上になり、さらに複雑な高次団粒になると、すき間は80％以上になる。

加えて、団粒が発達するとすき間に大小ができるが、これも水はけと水もちがよい土壌になる要因である。

【1円玉と同じ重さの土壌に約1兆の微生物が!】

団粒のすき間には、空気や水を利用して土壌微生物がすんでいる。圧倒的に多いのは細菌だが、キノコやカビなどの菌類は体が大きいため、重量で見ると菌類が最も多い。これらの土壌中に生息する生物は土壌有機物中の1％にも満たないが、体が小さいため数は非常に多く、最新の直接顕鏡の結果、1円玉と同じ重さの土壌（乾土として1g）に約1兆もの微生物が観察された例が知られている。

土壌粒子の配列と孔隙率

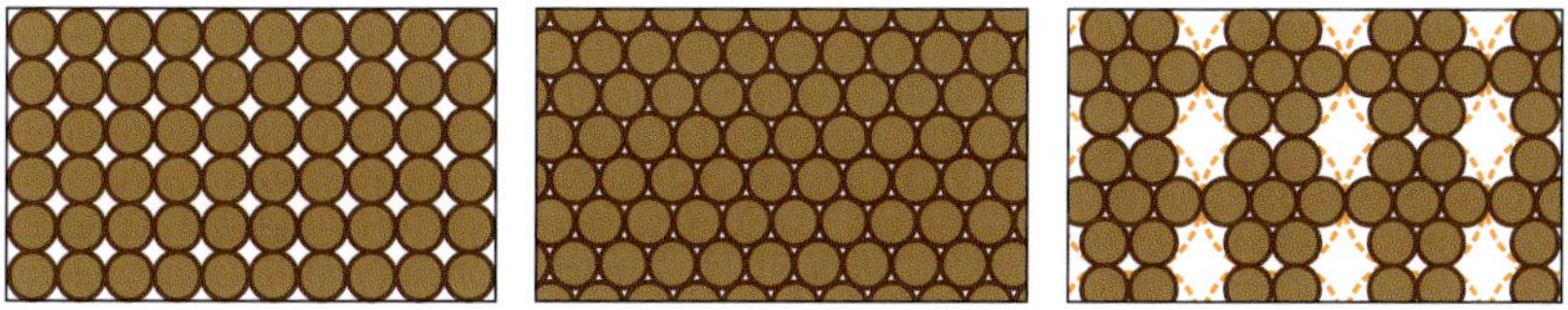

単粒（正列）（孔隙率 48％）　単粒（斜列）（孔隙率 26％）　団粒構造（孔隙率 61％）

土壌中の微生物（イメージ）

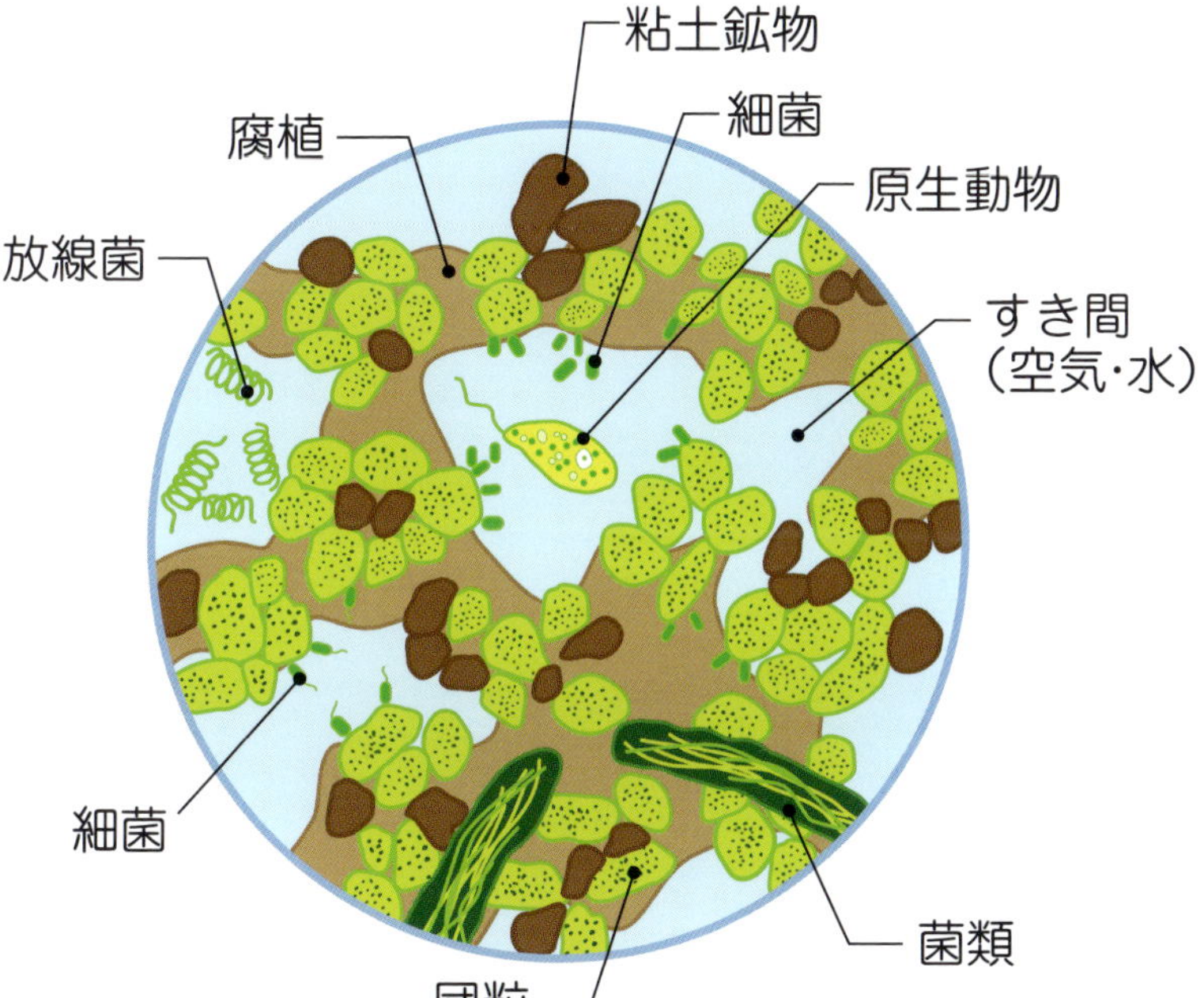

（資料：藤原俊六郎『新版 図解 土壌の基礎知識』農文協）

土壌の性質と地力

土壌の能力をはかる「ものさし」

土壌は土だけでなく、空気、水、有機物、ミネラルなどから構成されており、その構成比は土壌により大きく異なる。さらに微生物や植物根などの生物が存在し、それらが複雑にからみ合って土壌の性質をつくっている。そのよしあしを作物の生産力で判断するが、農業においては、作物生産における土壌の能力を「地力」という（土壌肥沃度や土壌生産力と表現されることもある）。地力は、土壌を構成する自然条件だけでなく、栽培される作物や栽培法などの営農条件も含めた総合的な土壌の能力を表すものとされている。

地力の要因とは？

地力は、次頁の図のように「物理的要因」「化学的要因」「生物的要因」のすべてを満たしたものと考えることができる。

【物理的要因】作土層や有効土層の厚さ、耕うんの難易、保水力や排水性、風食や水食に耐える力など。

【化学的要因】養分の保持力や供給力、土壌緩衝力（pH）、酸化・還元力、重金属などの有害物質の有無など。

【生物的要因】有機物分解力、窒素固定力、病害虫に対する緩衝力など。また、微生物による有害化学物質の分解や生態系への物質循環機能など、環境への寄与も期待される。

地力の発揮・向上のために

地力を発揮・向上させるうえで忘れてはならないのは、物理的要因・化学的要因・生物的要因が「単独の効果ではなく、相互に関連して作物栽培に適した条件をつくっている」ということである。

たとえば、肥沃度を示す保肥力は物理的要因と化学的要因、さらには、土壌粒子と植物根の間に介在する微生物の多様性活性の相乗効果である。また、団粒構造の形成による土のやわらかさは、物理的要因と生物的要因の相互効果であり、地力窒素の発現は生物的要因と化学的要因の相互効果と考えることができる。そして、それらがバランスよく成り立ったものが地力なのである。

近年、全国で「土づくり運動」が展開され、有機物の施用などが行われているものの、思うような成果はあがっていない。その理由は、先述のとおり、地力が総合的効果によるものだからといえるだろう。地力を向上させるためには、りん酸改良や深耕といった単体の因子だけに目を向けるのではなく、それぞれの因子の相互関係を理解したうえで、総合的な改良が必要であることを肝に銘じておきたい。

土壌を構成するもの

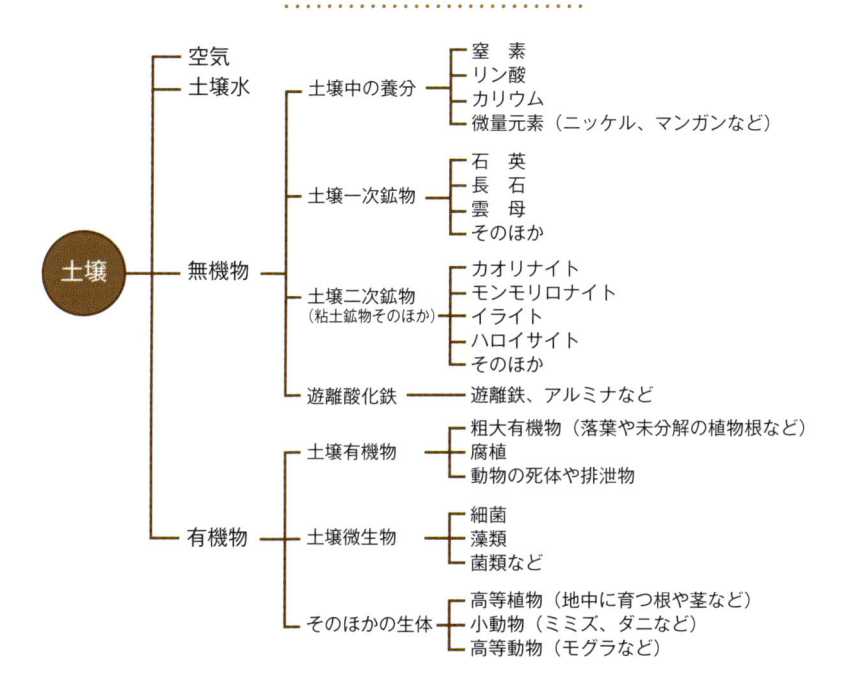

- 土壌
  - 空気
  - 土壌水
  - 無機物
    - 土壌中の養分
      - 窒　素
      - リン酸
      - カリウム
      - 微量元素（ニッケル、マンガンなど）
    - 土壌一次鉱物
      - 石　英
      - 長　石
      - 雲　母
      - そのほか
    - 土壌二次鉱物（粘土鉱物そのほか）
      - カオリナイト
      - モンモリロナイト
      - イライト
      - ハロイサイト
      - そのほか
    - 遊離酸化鉄
      - 遊離鉄、アルミナなど
  - 有機物
    - 土壌有機物
      - 粗大有機物（落葉や未分解の植物根など）
      - 腐植
      - 動物の死体や排泄物
    - 土壌微生物
      - 細菌
      - 藻類
      - 菌類など
    - そのほかの生体
      - 高等植物（地中に育つ根や茎など）
      - 小動物（ミミズ、ダニなど）
      - 高等動物（モグラなど）

地力の構成要素

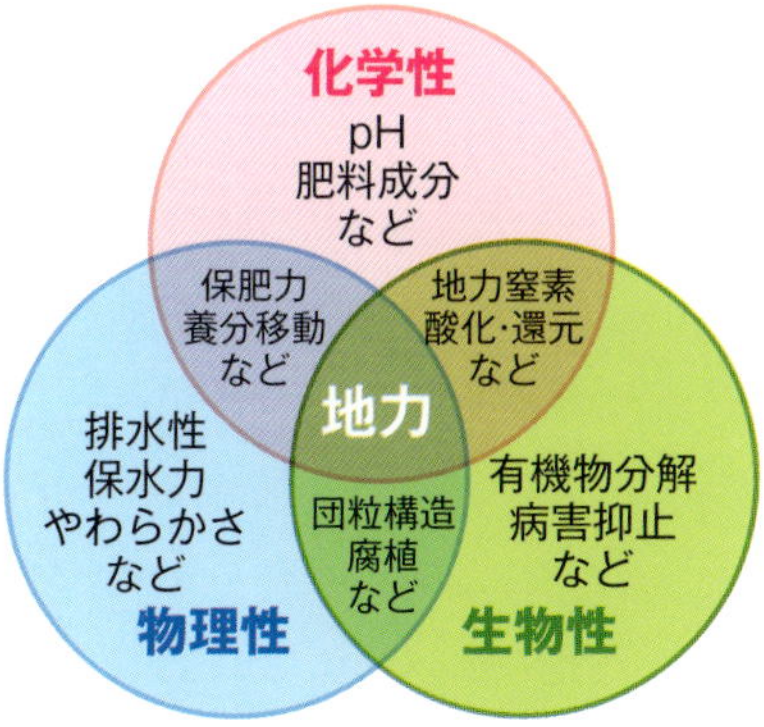

（資料：藤原俊六郎『新版 図解 土壌の基礎知識』農文協）

環境別土壌微生物の生育

「温度」が与える影響

気温に比べれば地温の変化は小さいものの、その温度変化は土壌微生物の活力に大きな影響を与える。

多くの微生物の活力は、30～40℃の間で最大になる。これに対し、多くの植物は20～30℃が生育環境として最も適している。この違いが、土壌有機物の量に影響している。

たとえば、温帯のように植物の生産力が土壌微生物の活力よりも大きい地域では、土壌中の腐植が増えるため土壌が黒くなる。一方、熱帯のように土壌微生物の活力が植物の生産力よりも大きい地域では、腐植が増えないため土壌は黒くならない。

「水分と空気」が与える影響

空気（酸素）は、必要とする微生物と必要としない微生物がいるが、水は微生物が生きていくために必要不可欠である。

次頁下の図を見てもわかるとおり、土壌孔隙に水分がまったくない（すべて空気に満たされた）状態では、微生物の数がゼロになる（生存できない）。一方、土壌孔隙がすべて水に満たされた（空気がまったくない）状態なら、酸素を必要としない嫌気性菌は生存できる（嫌気性菌には、酸素があっても活動できる条件的（通性）嫌気性菌と、酸素があると活動できない絶対的嫌気性菌が存在する）。

また、土壌の物質代謝に最も影響力をもつ好気性菌は、土壌孔隙50～60％が水で満たされている状態のときに活力が最大になる。

影響を与えるそのほかの条件

pHも、土壌微生物の生育に影響を与えるもののひとつである。多くの土壌微生物は中性を好むが、土壌微生物の種類によって最適pHは多少異なる。具体的にいえば、細菌（バクテリア）や放線菌（細菌と糸状菌の中間的な形態と性質をもつ微生物）は7～8程度の中性域を好み、菌類（カビ・キノコ・酵母）は4～6程度の弱酸性域を好む。ただ、乳酸菌のように、細菌でも強酸性域を好むものもある。

そのほか、粘土鉱物の種類によっても微生物の生育に適・不適がある。これはイオンの強弱に影響し、モンモリロナイトなどの2：1型粘土（アルミニウムシートをケイ酸シート2つでサンドイッチ状にはさんだ粘土）よりも、カオリナイトなどの1：1鉱物（アルミニウムシートとケイ酸シートが1対1の割合で構成されている粘土）のほうが微生物活力が高いといわれている。

植物と土壌微生物の温度特性の違い

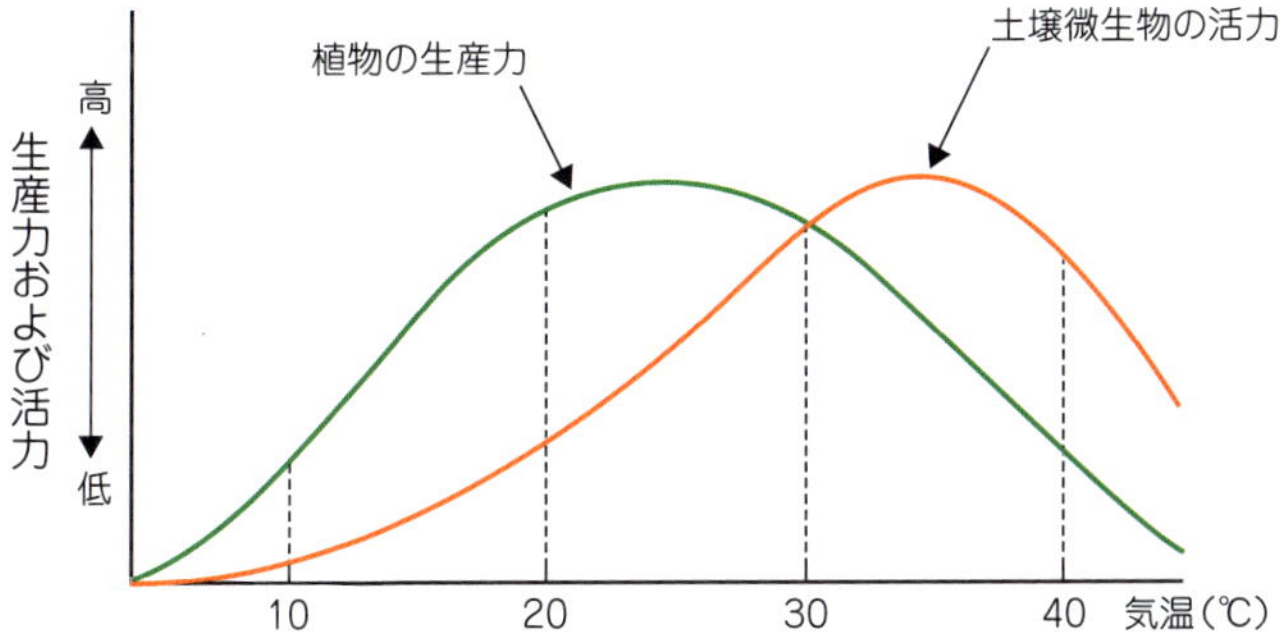

土壌水分と土壌微生物の生息の関係

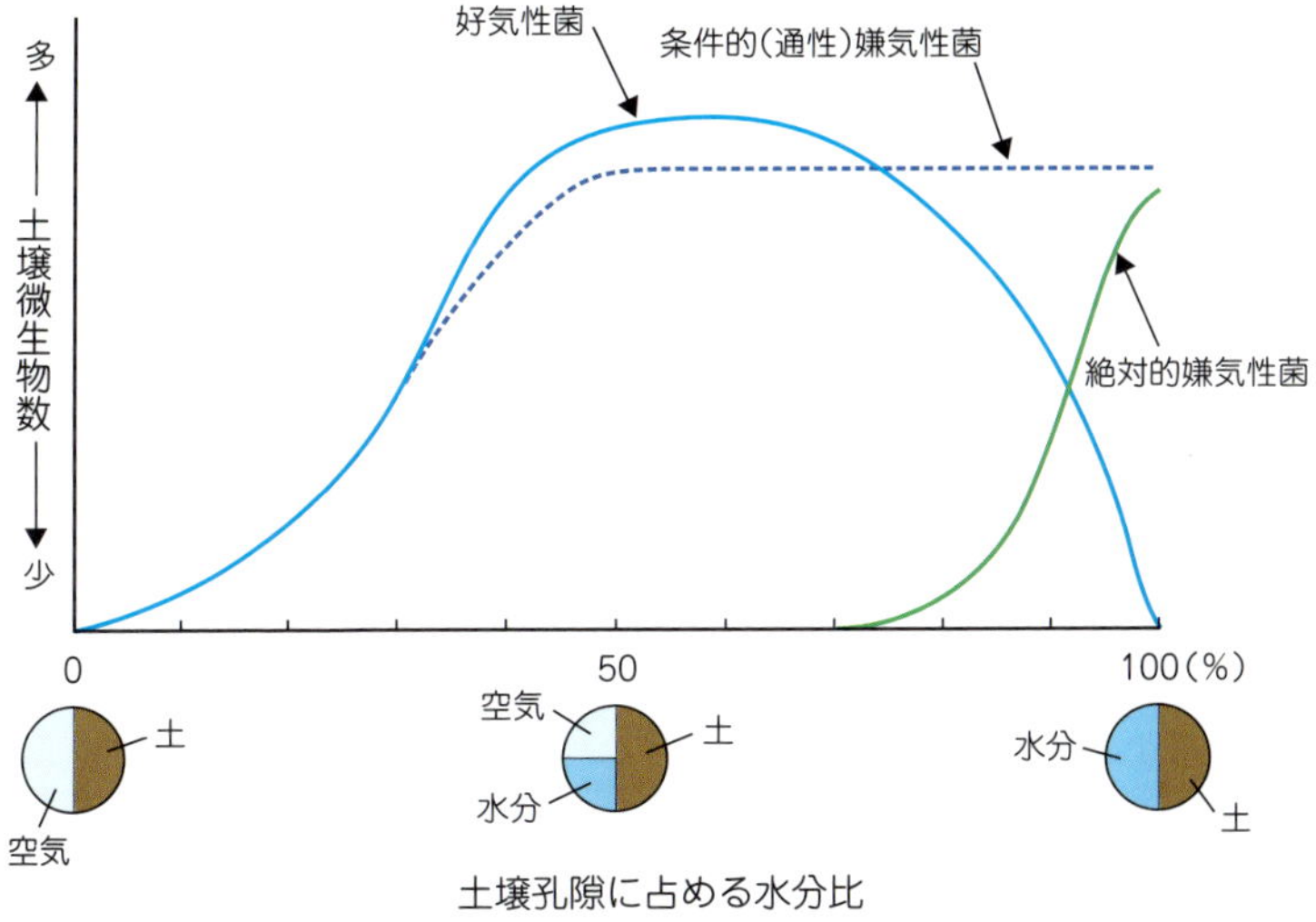

（資料：藤原俊六郎『新版 図解 土壌の基礎知識』農文協）

納豆菌が地球を救う？

●地球環境にやさしい注目素材「納豆樹脂」

「納豆」といえば健康によいとされる食品の代表格として知られているが、あのネバネバした「糸」には、まだまだ底知れない可能性が秘められている。

納豆の糸はポリグルタミン酸という高分子物質で、化学調味料として知られているグルタミン酸からできている。この納豆の糸（ポリグルタミン酸）に放射線（ガンマ線）を照射すると寒天のようなゲル状になり、それを凍結乾燥させると白い粉末状の樹脂ができる。そして、この樹脂（「納豆樹脂」と呼ばれる）の優れた「吸水性」「可塑性」「生分解性」こそが、底知れぬ可能性の源泉である。

まず、吸水性。納豆樹脂は、１ｇでなんと３Ｌ以上もの水をたくわえることができる。しかも、可塑性（外から力や熱を加えることで変形し、力を取り去ってももとに戻らないプラスチック同じ性質）と生分解性（微生物が分解することで水と炭酸ガスになる性質）をもちあわせた地球環境にやさしい新素材として、さまざまな用途開発がすすんでいる。

●砂漠の緑化も夢じゃない！?

納豆樹脂の具体的な開発事例としては、吸水性を利用した紙オムツや化粧品の開発、堆肥化促進剤としての活用などがある。また、可塑性を活かしたプラスチックにかわる容器の開発もすすめられており、これが実用化されれば、使用後の容器を土に埋めて破棄することもできる。

さらに、納豆樹脂をヘドロや植物の種と一緒に地中に埋めることで、砂漠を緑化しようという壮大な取組みも。実現にはまだ時間がかかるものの、温帯乾燥地を想定した実験では80％以上の発芽率が確認できているという。また、納豆菌自体が土壌中の微生物の多様性を著しく増加させる例も数多く知られており、普段、私たちが当たり前のように親しんでいる納豆が地球を救う日も近い…、かもしれない。

納豆の糸から納豆樹脂ができるまで

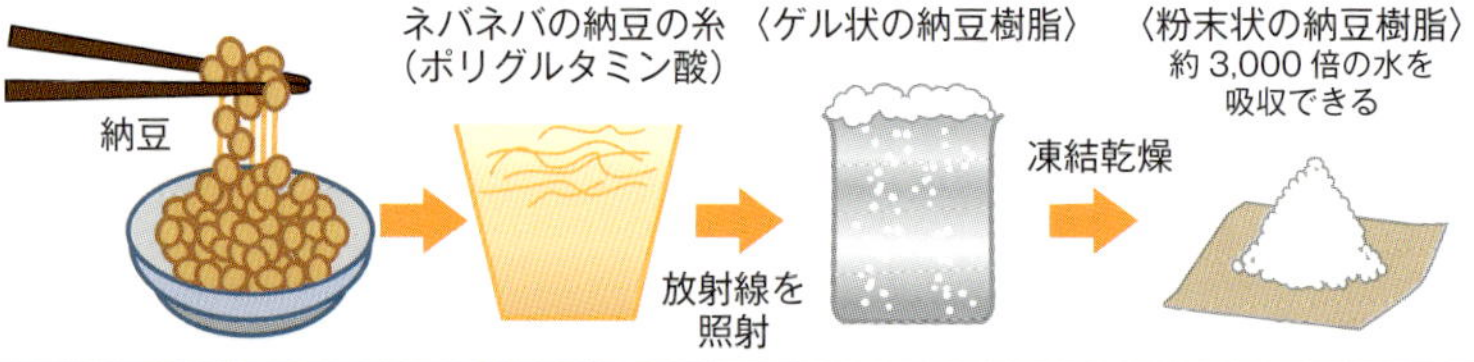

第9章

土を肥沃化する土壌動物

土壌動物の分類と特徴

小型土壌動物

ひとことで「土壌動物」といってもさまざまな大きさのものが存在し、その体の大きさによって小型土壌動物、中型土壌動物、大型土壌動物、巨大土壌動物に分類できる。

小型土壌動物にはクマムシやセンチュウなど、体長0・2㎜以下、体幅0・1㎜以下の微小な動物が分類される。水分の乏しい土壌孔隙にはほとんどおらず、土壌の液相の部分に生息する。体が小さいため水膜に体を浸しており、多くが土壌水中の溶存有機物や細菌、カビ、藻類を摂食する。

中型土壌動物

体長0・2から2㎜以下、体幅2㎜以下でおもに土壌の孔隙を生息場所としている動物が、中型土壌動物に分類される。土壌中の孔隙を移動するため土壌を自ら掘ることはあまりなく、したがってすき間が小さい土壌の下層にいけばいくほど、小型種が多くなる。中型土壌動物のうち、節足動物の大半をトビムシとササラダニが占めている。また、ヒメミミズもフトミミズやツリミミズなどの大型種と区別して中型土壌動物に含まれる。

トビムシはまわりの有機物を区別せずに食べるが、土壌表層ではカビや藻類を選択的に食べる（一部に捕食性の種もいる）。ササラダニは、有機物を直接食べるものや粉砕された有機物を食べるもの、微生物を食べるものがいる。ヒメミミズは腐植を食べるが、カビに対する選択性も認められている。

大型（巨大）土壌動物

多足類、等脚類、昆虫の幼虫、地表性甲虫、アリやシロアリ、ミミズ類など体長2㎜以上の動物は大型土壌動物に分類される。地中性でこの大きさのものは自ら土壌に孔を掘らないと移動することができない。

多足類のうちムカデは一般に捕食性である一方、ヤスデは落葉や腐植、土壌を食べる。等脚類は落葉食が多いが腐植も食べる。ハエ目の幼虫は腐植を食べるものが多く（捕食性のものもいる）、コンチュウ目の幼虫は根を食べるものや腐食性、捕食性を含む。成虫では、おもに捕食者であるグループが地表面を中心に生活している。アリは多くの生態系に広く分布し、種子や生葉を食べるものから捕食性まで幅広い食性にまたがっている。ミミズは落葉、腐植、土壌を食べる。

さらに、ミミズなどの重要な捕食者であるモグラやネズミなどの脊椎動物は、ここまでに紹介した無脊椎動物に比べ格段に体が大きいため、巨大土壌動物と呼ぶ場合もある。

土壌動物のサイズによる分類

小型土壌動物 （体長 0.2mm 以下）	中型土壌動物 （体長 0.2 ～ 2mm）	大型土壌動物 （体長 2mm 以上）
クマムシ	ダニ	モグラ ネズミ サンショウウオ } 巨大土壌動物とも
ウズムシ	トビムシ	ミミズ
センチュウ	コムカデ	クモ
ソコミジンコ など	エダヒゲムシ	ダンゴムシ
	カニムシ	ヤスデ
	ササラダニ	ムカデ
	ヒメミミズ など	アリ など

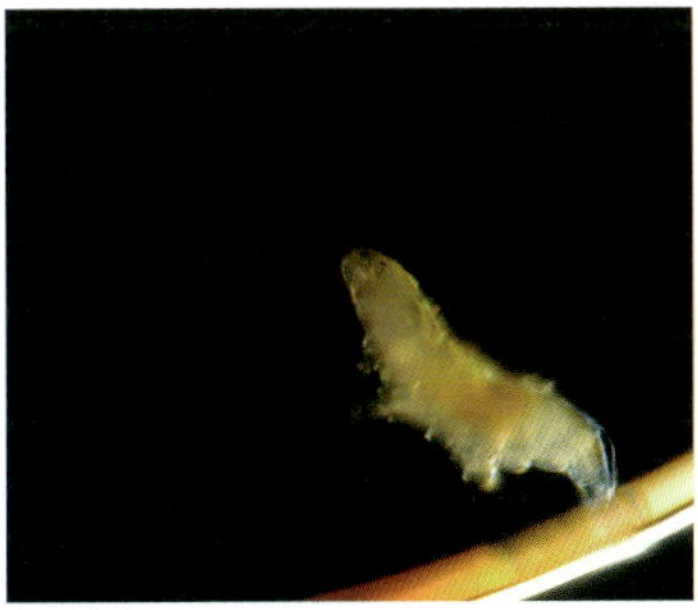

クマムシ

ソコミジンコ

ムカデ

モグラ

ミミズの種類と特徴

ミミズは地球にとって最も価値ある動物

ミミズは土壌動物のなかでもとくに優れた機能をもっており、古くは「自然の鍬」、近年では「生態系の技術者」「土の健康のバロメーター」とも称されている。自然科学者のチャールズ・ダーウィンに至っては、自身の著書『ミミズと土』（１８８１年）でミミズを「地球に最も価値ある動物」と激賞したほどだ。

ミミズ（貧毛綱）は魚釣りのエサとなるゴカイ（多毛綱）や、人間や獣の血を吸うヒル（ヒル綱）などと同じ無脊椎動物の環形動物部門に属している。

貧毛綱は（１群）アブラミミズ科、（２群）ミズミミズ科・イトミミズ科・ヒメミミズ科、（３群）オヨギミミズ科、および（４群）ナガミミズ科・ツリミミズ科・フトミミズ科、に分類されるが、一般的にミミズといわれ知られているのは、４群に属するものである。

知られているだけでも７０００種

これまで世界で知られている貧毛綱の種類は約７０００種、日本では約１００種ともいわれている。ただ、ほとんど分類がすすんでいない仲間（ヒメミミズ類など）もあるため、はっきりとした数は不明である。

生息場所は氷河から深い湖底、ツンドラの草原、熱帯雨林に至るまで多岐にわたり、その生息場所の特徴によって、水田や河川にすむ「水生類」（イトミミズ類など）と畑の土やゴミ捨て場にすむ「陸生類」（ツリミミズ類・フトミミズ類など）に分けられる。また、体の長さによって「大型類」（ツリミミズ類、フトミミズ類など）と「小型類」（ヒメミミズ類など）にも分けられるが、通念としてミミズといわれているのは、陸生類であり大型類の大型陸生類である。

７m級の巨大ミミズも

大型陸生類は、ムカシフトミミズ科（発光するホタルミミズなど）、ジュズイミミズ科（日本一長いハッタミミズなど）、ツリミミズ科（生ゴミの堆肥化で働くシマミミズなど）、フトミミズ科（土づくりで働くヒトツモンミミズなど）、フタツイミミズ科（大型だが体幅１・５㎜と体の細いハトマフタツイミミズなど）の５科からなる。

大型類といっても大きさはさまざまで、体長数㎜以下のものもいれば、南米や東南アジアには体長２m以上のものも存在する。さらに南アフリカには、７m近い巨大な体で、道路の端から端まで体を横たえていた、という記述もある。

ミミズの分類体系

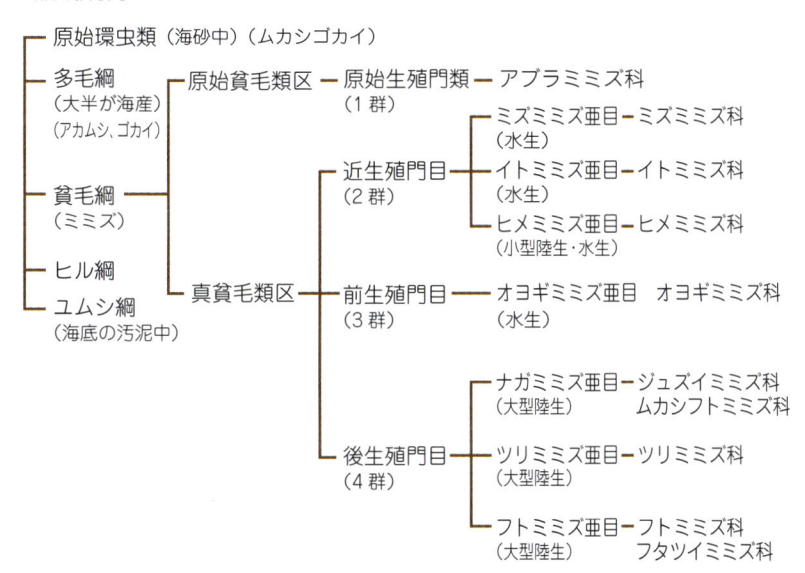

環形動物門（無脊椎動物）

- 原始環虫類（海砂中）（ムカシゴカイ）
- 多毛綱（大半が海産）（アカムシ、ゴカイ）
- 貧毛綱（ミミズ）
  - 原始貧毛類区
    - 原始生殖門類（1 群）─ アブラミミズ科
  - 真貧毛類区
    - 近生殖門目（2 群）
      - ミズミミズ亜目（水生）─ ミズミミズ科
      - イトミミズ亜目（水生）─ イトミミズ科
      - ヒメミミズ亜目（小型陸生・水生）─ ヒメミミズ科
    - 前生殖門目（3 群）
      - オヨギミミズ亜目（水生）　オヨギミミズ科
    - 後生殖門目（4 群）
      - ナガミミズ亜目（大型陸生）─ ジュズイミミズ科、ムカシフトミミズ科
      - ツリミミズ亜目（大型陸生）─ ツリミミズ科
      - フトミミズ亜目（大型陸生）─ フトミミズ科、フタツイミミズ科
- ヒル綱
- ユムシ綱（海底の汚泥中）

イトミミズ

シーボルトミミズ（フトミミズ科）

シマミミズ（ツリミミズ科）

（資料：中村好男『ミミズのはたらき』創森社）

ミミズの外観と体内構造

ミミズの外観の特徴

ミミズの体は一見、一本の細い管のようにも見えるが、実は多数の節のつながりからなっている。その節と節の間の管を「体節」と呼び、種類によってはこの体節が１５０以上あるものも存在する。

なお、ミミズに対して「どっちが頭でどっちが尻なのか？」「どっちが背中でどっちが腹なのか？」という疑問を抱いたことがある人も少なくはないだろう。それは、体幅と色で見分けることができる。ミミズの頭は長い体のなかでも少し太くなっており、その先端に口が、さらにその口には上唇（口前葉）がある。また、体の色が濃いほうを背側といい、やや凹んでいる体節と体節のつなぎ部分（体節間溝）には、背側のほぼ中心に背孔という小さな孔がひとつずつ存在する。

「おとな」と「こども」にも違いが

ミミズは成体（おとな）と幼体（こども）にも、その体の特徴に違いがある。成体のミミズには、口部のほうに鉢巻きをしたように盛り上がった環帯が存在する（種類によって、環帯が体をぐるり一周するものと、まるでまたがるように半周するものがある）。また、成体の腹側には雄・雌の生殖器と精子を受け取る孔（受精嚢孔）などがあり、なかには乳頭や斑紋をもつ種類もいる。幼体には、これらは存在しない。

体内構造とその機能

ミミズを頭（口）から尻（肛門）に向かって横に切り開くと、環帯より前方に膨らみ（砂嚢など）や、いろいろな形の袋状の付属物（受精嚢など）が左右対象に存在する。環帯から後方は腸で、環帯の近くに小さな付属物（盲嚢）をもつものもいる。

また、背側から腹側にかけて縦に切断すると、外側の皮（かたいガラス質の外皮と表皮）が筋肉からなる体壁を覆い、剛毛が筋肉を貫いていることがわかる。さらに、その下（内側）の管に腸などの消化器官があり、その消化器官と皮膚の間を液体（体腔液）が満たしている。

体壁には、輪の形をした筋肉（環状筋）といくつもの体節にまたがる長い筋肉（縦走筋）がある。環状筋を縮めると体が細くなり、縦走筋を縮めると体が短くなる。動くときは、これらを交互に緩めたり縮めたりする。

腸を通過する食べものは、筋肉の働きにより細かく砕かれ、腸内に分泌される酸素などと混合される。筋肉は土のなかの細いすき間を広げ、体をねじ込ませるのに活躍する。

ミミズの内部形態

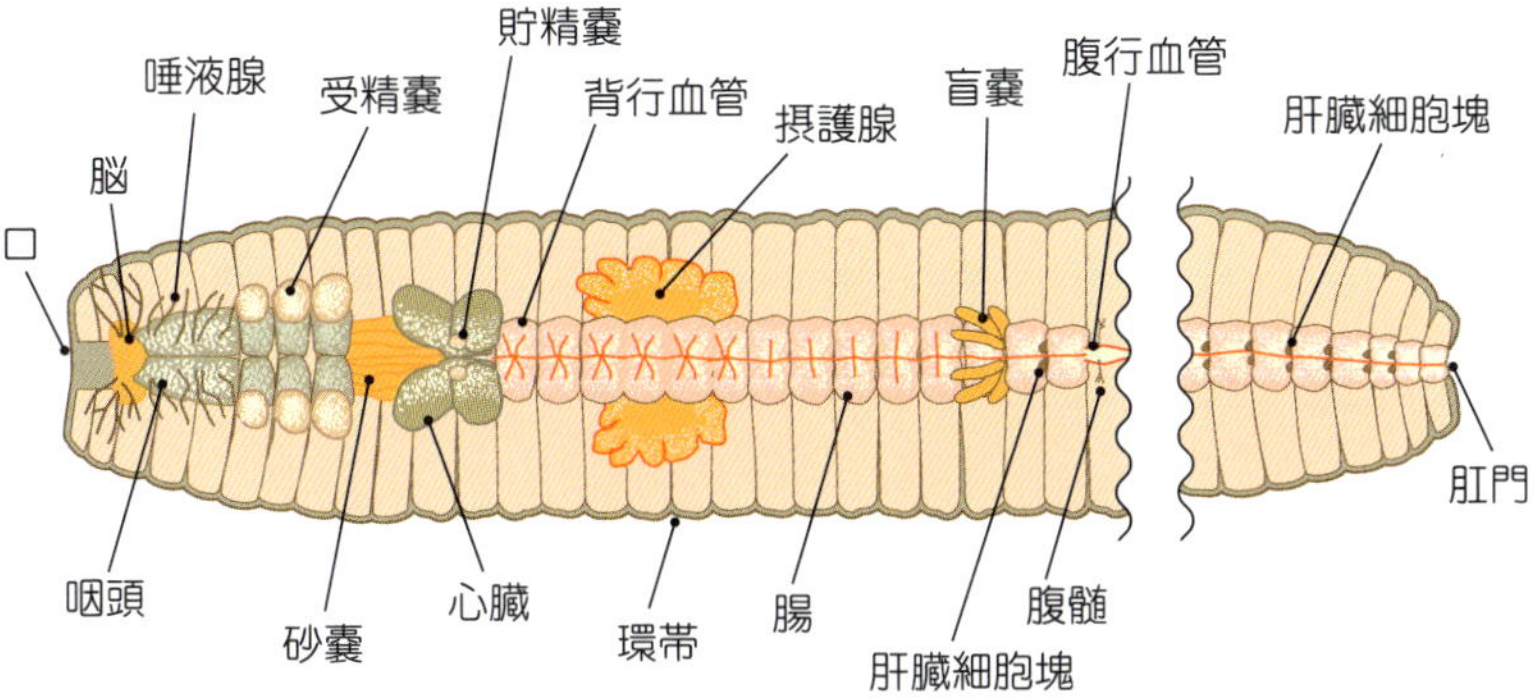

（資料：小川文代『ミミズの観察』創元社）

ミミズの断面図

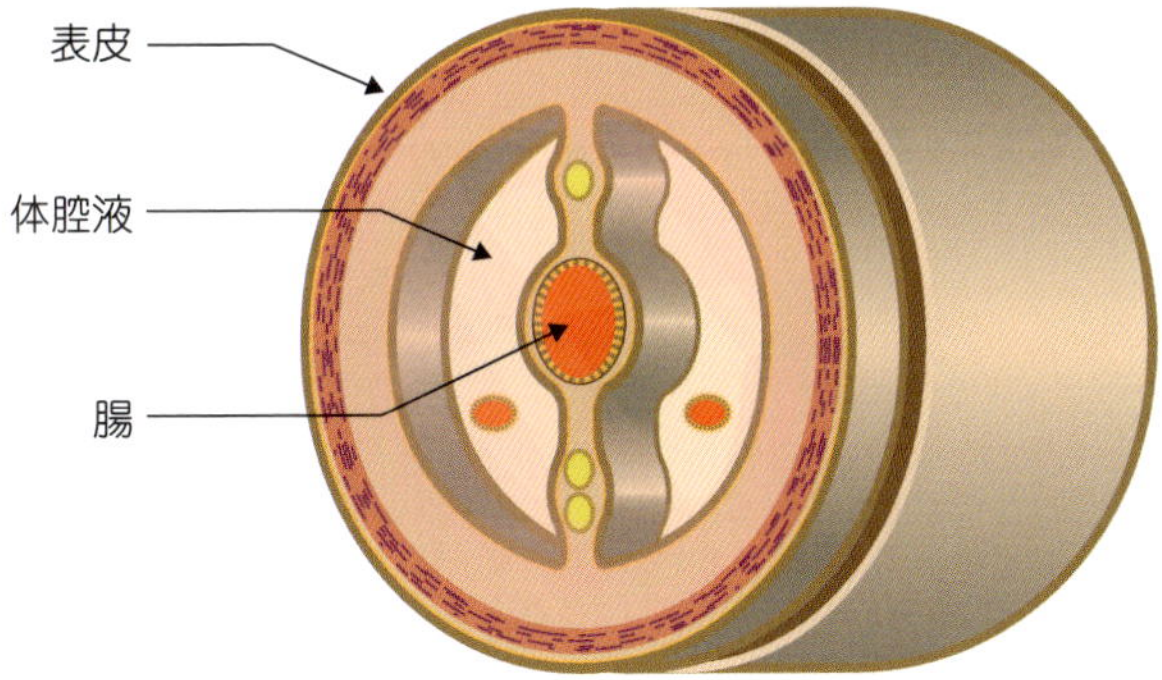

ミミズの食性と繁殖方法

ミミズの生態型と食性

陸生のミミズは、それぞれの種類がすむ場所の特性に基づき「堆肥生息型」「枯葉生息型」「表層土生息型」「下層土生息型」の4つの生態型に分かれる。この生態型がおもな食性に関連し、堆肥生息型は堆肥を、枯葉生息型は枯葉を食べる。表層土生息型および下層土生息型の腸内からは、土（鉱物）とともに枯葉や腐りかけの葉などの植物質、菌類や細菌などの微生物、トビムシなどの小動物やその糞も見られる。

体の長さによる食性の特徴を見ると、陸生大型ミミズは土を呑み込み、そのなかの有機物を栄養にしたり、地上にある枯葉などの有機物を食べている（葉に付着しているカビなどの微生物も一緒に食べる）。一方、陸生小型ミミズは細かい有機物や菌糸を呑み込む。落ち葉の葉緑体を含む内部に侵入し、表皮をもち上げて食べる。

小動物の死体やかたいものは、あらかじめ自身の唾液（分泌液）でやわらかくして呑み込む（呑み込み前消化）、もしくは腐生性細菌が活動しやわらかくなったものを食べる。

ミミズの繁殖のしくみ

ミミズはひとつの体に雄と雌両方の器官を備えているが（雄雌同体）、繁殖は一般に他個体との交接によって行う。

交接は互いの前体部の腹側を互い違いに密着させ、お互いの雄性孔から排出された精子を受精嚢孔を通じて受精嚢に貯め込み、交換する。このときまだ卵子は受精せず、受精には受精嚢に貯めておいた交接相手の精子を用いる。受精嚢に貯えた精子は、低温貯蔵しなくても半年は効力が保持される。

卵包の形は球状から俵状までさまざまで、大きさは大型類が3～8㎜、小型類（ヒメミミズ）が1㎜ほど。色は大型類が薄い緑から褐色、ヒメミミズは乳白色である。なお、ひとつの卵包から孵化する幼体数は、大型類のツリミミズ科と小型類のヒメミミズ科は1匹の例が多いが（まれに2匹以上のものもある）、シマミミズ（ツリミミズ科）だけはその数が2～6匹と一定していない。ときに20匹の例もある。

体を切断して増える「分身の術」

ミミズには、自身の体を切断して無性的に増殖（破片分離）する種類もいる。大型類は2つに切れると両方が成長することはなく、しばらくしてから後方部分が死ぬ（シマミミズは切断位置を問わずどちらも死ぬ場合がある）。一方、小型類のヒメミミズ類には、体を多数の断片に切断し、それぞれが再生・増殖する種類が日本でも採集されている。

日本の陸生ミミズの生態型

堆肥生息型	枯葉生息型	表層土生息型	下層土生息型
大型　シマミミズ（ツ）	キタフクロナシツリミミズ（ツ） ムラサキツリミミズ（ツ）	サクラミミズ（ツ） カッショクツリミミズ（ツ）	バライロツリミミズ（フ） ヒトツモンミミズ（フ） ハタケミミズ（フ）
小型　ヒメミミズ属	ツリヒメミミズ属	コブヒメミミズ属	ハタケヒメミミズ属

（ツ）ツリミミズ科　（フ）フトミミズ科

（資料：中村好男『ミミズのはたらき』創森社）

ミミズの腹側各部の名称と交接

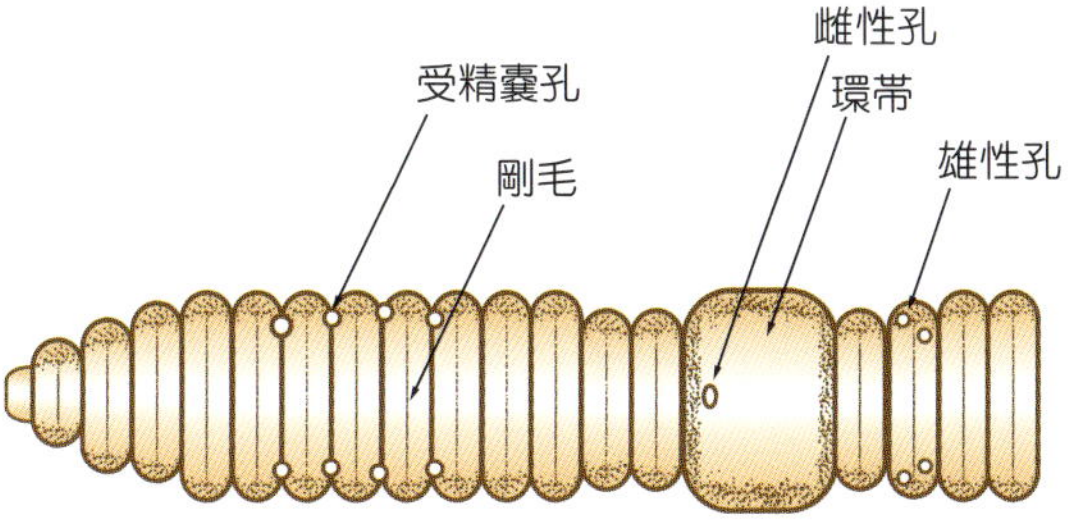

ミミズの交接

土壌におけるミミズの働き

ミミズの体内は優秀な工場

ミミズの生活は「食べる」「動き回る」「糞と尿を出す」ことだが、この生活が土壌に大きな影響をおよぼす。

ミミズは枯葉や枯死した根、土、新聞紙、生ゴミなど多様なもの（有機物）とともに、有機物に付着繁殖したカビなどの微生物、土中の微生物を呑み込む。呑み込まれたものは咽頭や腸を移動する間に、分泌された尿素・塩類・酵素などの作用を受け、さらに腸の激しい動きと呑み込まれた土粒子で攪拌され細かくなる。

ミミズが1日に食べる量は体重と同量あるいはその１・５倍、また食べたものが口から肛門に到達するには3・5時間を要するといわれる。注目すべきは、消化するときに根が吸収しにくい固定型リン酸やカリウムを吸収しやすいかたちに変換してカルシウムを再び結晶とし、またビタミン類を合成することである。ミミズの体内は、有機物や無機物を物理的・生化学的に変化させる優秀な工場といえる。

生態系を支えるミミズ孔

ミミズが食べものを求めて土の表面や土中を動き回ることで、枯草や堆肥などの有機物と土中深くの土が攪拌混合され、土中に孔の道ができる。孔の数はときに１㎡に８００にもおよび、その長さは１８０ｍに達する。地上に開き、土中を縦横に走るこれらの孔から水や空気が入ることで、ときに地表面を流れる水を減少させる（土の流失を減少させる）。

また、ミミズ孔の壁はミミズの体表から出た粘液で塗り込められているため、水分・炭素・窒素・リン酸などの量が高く、土壌微生物の格好の繁殖場となる。その菌を食べるためにトビムシなどの小さな土壌動物が入り込み、さらには栄養を求めて作物根が伸びてくることで、ミミズの孔はさまざまな生物の世界を支えている。

ミミズ糞は黄金の土

ミミズは動き回った孔のなかや地表に糞をするが、これが作物の成長に必要な栄養を多く含むうえに、根が吸収しやすい形態になっている。たとえばヒトツモンミミズの糞は、周囲の土に比べ全窒素が3倍、リン酸が2・5倍、置換性塩基類のカルシウム、カリウム、マグネシウムが1～2倍高く、とくに腐植酸量（腐植物質の集合体）は14倍に高まる。さらに、多様なアミノ酸、酵素または植物成長促進物質に加えて、土壌微生物までも豊富に含むミミズ糞は、まさに黄金の土である。

ミミズによる土の反転作用

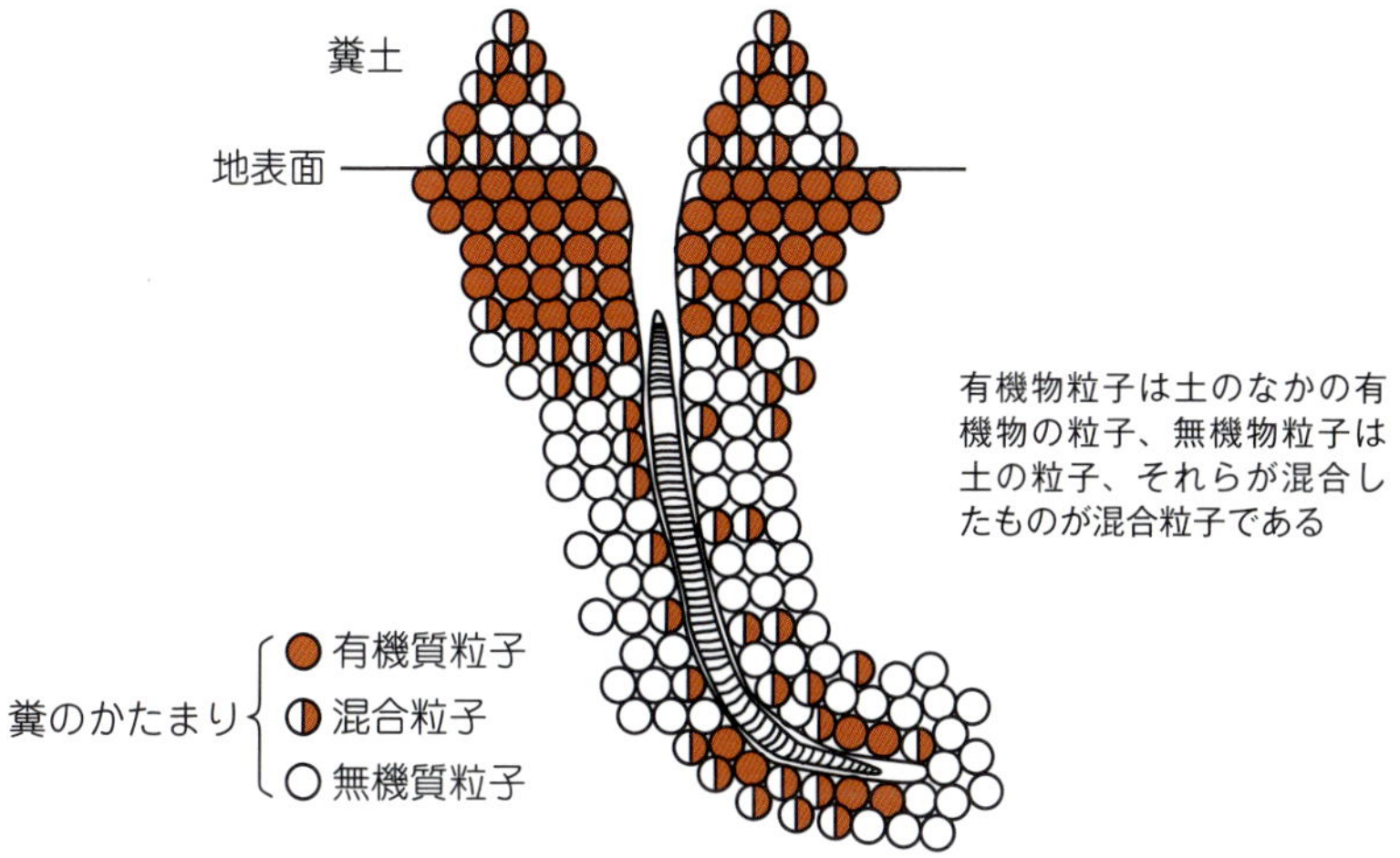

有機物粒子は土のなかの有機物の粒子、無機物粒子は土の粒子、それらが混合したものが混合粒子である

（資料：青木淳一『土壌動物学』北隆館）

ミミズ糞と土の化学的性質

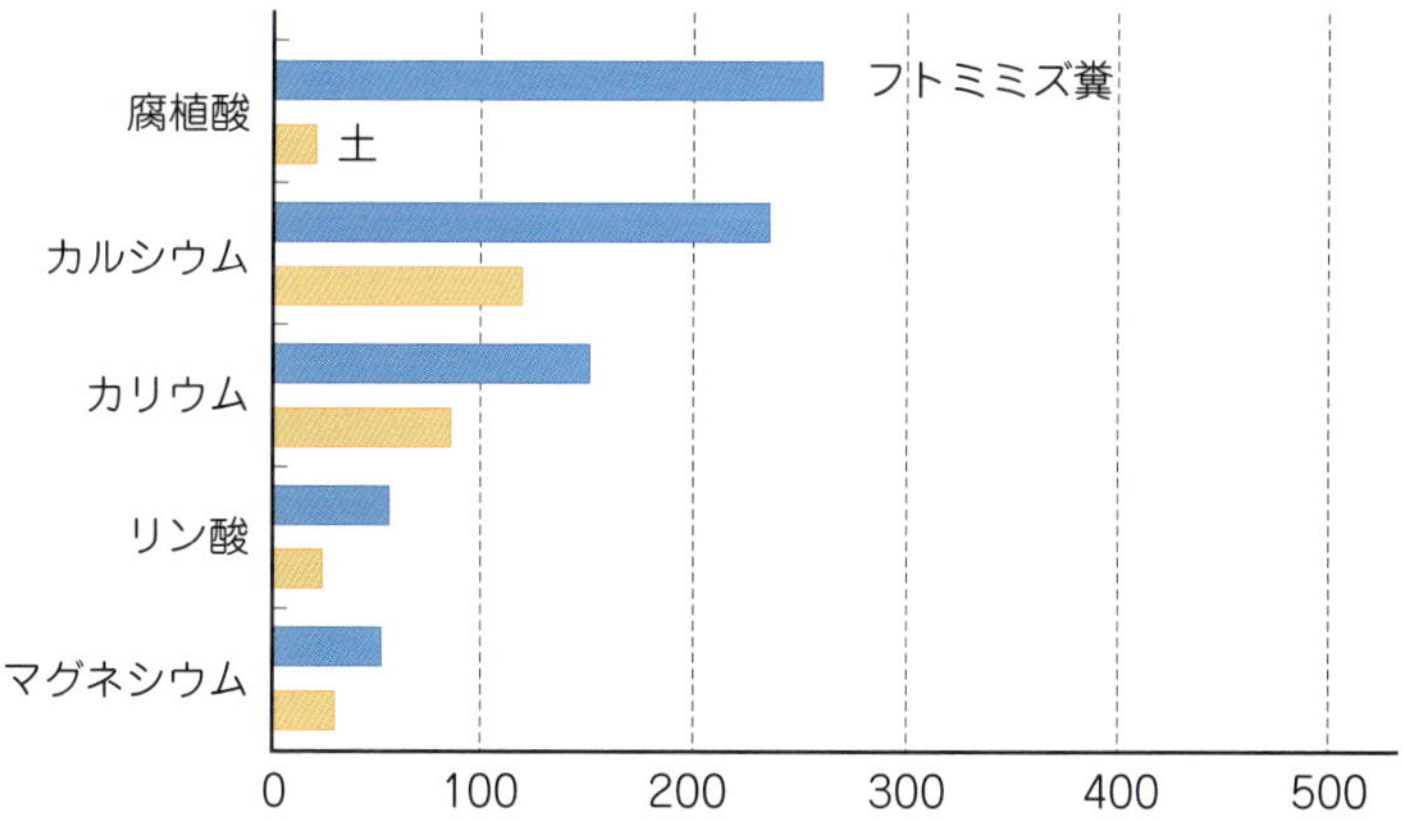

注. 単位は腐植酸は g/100g 乾重を 100 倍、その下 4 成分は mg/1g 乾重を 100 倍。
フトミミズはヒトツモンミミズ

（資料：中村好男『ミミズと土と有機農業』創森社）

生態系を支える土壌動物（小型〜中型）

地球上の小さな巨人「センチュウ」

センチュウは体長0・5〜2㎜と小さく、ほとんどの種類は肉眼で確認することができない。ただ、地球上のバイオマス（生きものの重さ）の15％を占めるといわれており、森の土をひと掴みすればそのなかに数万匹のセンチュウが存在する。

土だけでなく水中や動物の体内にすむものもおり、人間の体内にすむギョウチュウなどの寄生虫もセンチュウの仲間である。植物の根に寄生するものもいるため、林業や農業の観点では農作物に病気を起こす害虫としても知られているが、そのような種類は数万種もいるセンチュウのほんのひと握りでしかない。捕食者や分解者として、さらにはさまざまな生きもののエサとして、土壌の生態系のなかで欠かすことのできない存在である。

陸のプランクトン「トビムシ」

トビムシは幅広い土壌タイプに適応するうえに、ひと握りの土のなか（約10㎠）に数百匹が生息し、さまざまな動物のエサになるため「陸のプランクトン」ともいわれている。名前の由来は、腹部にある肢をバネにしてジャンプすることから。原始的な無翅昆虫とされるが、昆虫とは系統が違うという見解もある。ササラダニとともにほとんどの土壌に見られる節足動物で、腐植、細菌、カビ、藻類をおもに食べる（捕食性の種も知られている）。

生活型は大きく表層性と土壌性に分類されている。表層性種は大型かつ代謝が盛んで分散したエサを集める移動力に富み、小卵多産で有性生殖を行う。一方、土壌性種は土壌中の孔隙にすみ、まわりにあるエサを食べて大型の卵を少数生む単為生殖のグループとされている。

土壌の静かな掃除屋「ササラダニ」

人間の血を吸うものやアレルギーの原因となるものもいるため、嫌われ者として知られているダニ。ただ、それは2万種を超すダニの種類のごく一部であり、土のなかのダニの多くはセンチュウなどをエサとする捕食性や、落葉および菌類を食べる腐食性で、いずれも土壌の生態系には欠かすことのできない生物である。

なかでも、ササラダニ亜目のダニは10㎠の土壌のなかに数百〜数千匹生息し、トビムシと並んで「陸のプランクトン」と呼ばれる。日本だけでも800以上の種が存在し、トビムシとともに中型土壌動物のうちの節足動物の大半を占める。

小型〜中型の土壌動物

センチュウ

土だけでなく、水中や動植物の体内にも生息。地球上のバイオマスの15%を占めるといわれている

トビムシ

（写真はマルトビムシ）

幅広い土壌タイプに出現する「陸のプランクトン」。日本では約 360 種、世界では約 3,000 種が見つかっている

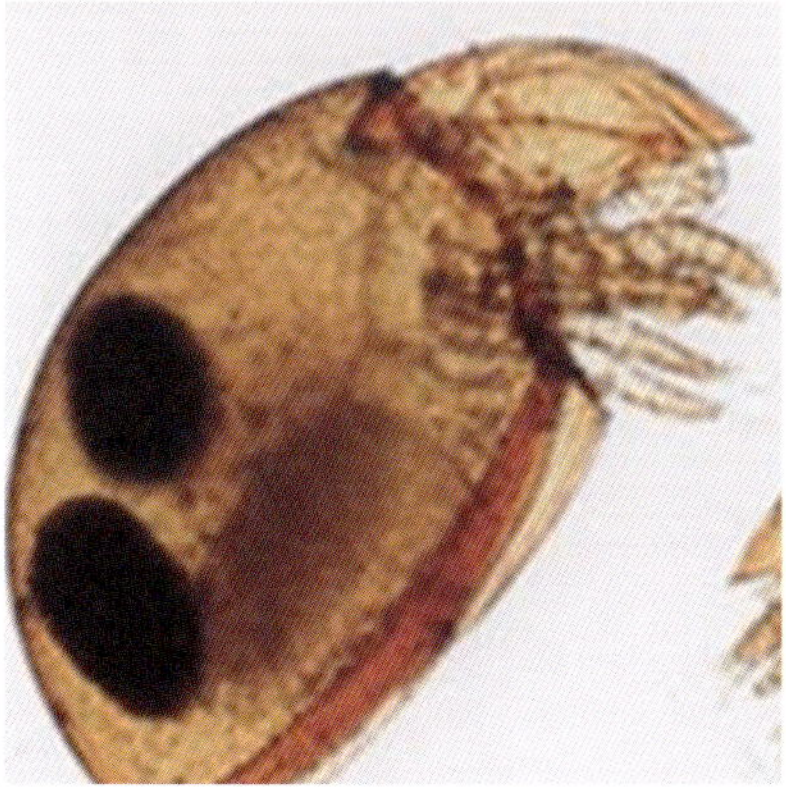

ササラダニ

（写真はササラダニの一種であるヒメヘソイレコダニ）

落葉や菌類を食べながらひっそりと生息。日本だけでも 800 種以上、その見た目もさまざまだ

（写真：国立研究開発法人 森林総合研究所）

生態系を支える土壌動物（大型）

土壌のなかの覇者「アリ」

アリは熱帯から寒帯まで多くの生態系に広く分布する重要な土壌動物である。現在、地球上に約1京匹いると推定されており、人間よりも数が多いのはもちろん、人間の１０００万分の1の体重でありながらバイオマス（合計体重）も人間に匹敵するといわれる。また、植物の種子や葉を利用するものからアブラムシ（アリマキ）の分泌液や花蜜を利用するもの、さらに捕食性のものまで、その食性は多様性に富んでいる。一般に土壌動物の調査の際には個体数推定から省かれることが多いが、ほかの土壌動物の群集構造や個体数密度を理解するうえで、アリの評価は欠かせない。

　また、日本では家屋害虫と嫌われているシロアリも、土壌においては重要な役割を果たしている。基本的に枯死した有機物や土壌腐植を利用しているが、その特徴は陸上に大量にあるセルロースをシロアリと共生する微生物が産出する消化酵素をうまく利用して分解する方法を発達させている点である（大型土壌動物の多くはセルラーゼなどの消化酵素を自ら分泌できない）。さらに、土壌を直接食べるものも一部おり、その活動による土壌構造の改変は土壌の物理性の変化や物質循環速度の変化を通して、植物やほかの動物に大きな影響を与えている。

世界一の足をもつ「ヤスデ」

ヤスデはムカデとよく似た形をしているが、捕食性のムカデと違って落ち葉や腐植などを食べる。先述のシロアリのように有機物を分解する方法が発達していないため、消化効率のわるい落ち葉を大量に食べたり、一度糞として排泄された落ち葉をもう一度食べるなどで（糞食）、必要な栄養分を確保している。糞食は糞中で微生物が増加して分解したものや、微生物の酵素を利用することで、利用しにくい資源を利用する。

　なお、ムカデ（百足）のほうが足が多いと思われがちだが、実はヤスデのほうが倍以上も多い。なかには７５０本の足をもつものもおり、これは地球上の生物のなかでも最多である。

実はエビやカニの仲間「ダンゴムシ」

海岸から森林まで広く分布する（とくに石灰岩地域に多い）ダンゴムシも、ヤスデと同様に落葉などの枯死有機物を食べ、土へと変える役割を担っている。

　「ムシ」（虫）という名が付いているがエビやカニと同じ甲殻類であり、エラを使って呼吸をしている。世界では1万5千種以上、日本でも１４０種以上が見つかっている。

大型の土壌動物

シロアリ

家屋害虫として日本では嫌われ者のシロアリだが、森では木の分解に大きな力を発揮している

ヤスデ

（写真はオビババヤスデ）

ヤスデは足も多いが種類も多く、現在名前が付いているものだけで世界で１万種以上。研究がすすめば８万種を超えるとも

ダンゴムシ

（写真はオカダンゴムシ）

私たちの生活にもなじみの深いダンゴムシ。家や畑のまわりなどでよく目にするオカダンゴムシはヨーロッパ原産の帰化動物だ

土のなかをのぞいてみよう！

●気軽につくれる「ツルグレン装置」

ミミズやダンゴムシなどの大きな土壌動物は手で捕まえられるが、ダニやトビムシなどの小さな土壌動物は手では捕まえにくい。そんな肉眼で確認できない中型土壌動物を採集する方法に「ツルグレン法」がある。

ツルグレン装置は市販されているが（2～3万円台。簡易版の装置は8,000円程度）、身のまわりにあるものでも簡単に自作できる。

用意するものは、①採土管（缶コーヒーの缶の上を切り取ったものや500ml以下の定量容器でも代用可能）、②木槌、③根掘り（スコップでも可）、④紙封筒（採土管の土が入るサイズ）、⑤ふるい（茶こしや金属製のざる）、⑥ろうと（ツヤ紙製のカレンダーなどで作製してもよい）、⑦台（ダンボールなどで作成）、⑧ビン（20ml程度のものが使いやすい。ろうとの先の直径よりも大きいことが条件）、⑨エチルアルコール（80％程度の濃度）、⑩照明器具（白熱球。蛍光灯は不可）の10つ。装置の作成方法は下の図を参考にしよう。

●実際に土壌動物を採集してみる

ツルグレン装置ができたら、早速、野外で土を採集し、ツルグレン装置にセットしよう（採土管がある場合は採土管の上部が地面と平行になるまで木槌を使って採土管を土に埋め込む。採土管がない場合は定量容器を使って決まった量の土を採集する）。

それを24時間放置し、24時間後に電球を灯す（1日1回ビンのアルコール量を確認し、減っていたら注ぎ足す）。そして36時間以上経ったらビンにフタをする（36時間～168時間の範囲で自由設定して問題ないが、複数のサンプルを比較する場合は設定時間に差がないように心がける）。

顕微鏡を使ってその姿や名前を調べたり、必要に応じて標本をつくれば、豊かな土壌の世界をより身近に感じることができる。

簡易ツルグレン装置の作製例

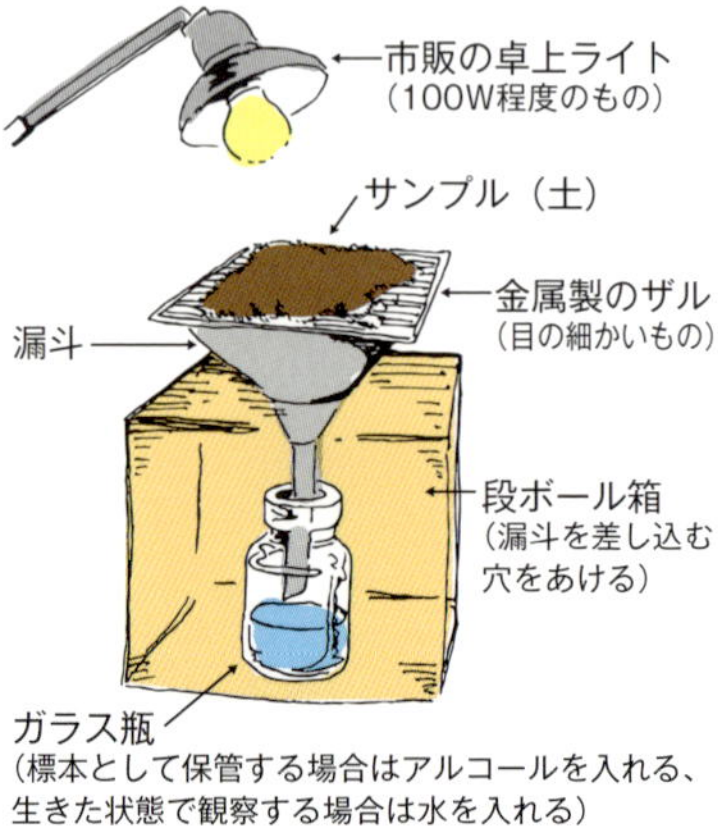

第10章

農耕地における土壌微生物

農耕地での食物連鎖と物質循環

農業生態系と微生物

農業として田や畑で作物をつくるうえで、品質のよい農作物を多収できるに超したことはない。ただ、だからといってやみくもに生産性だけを追求すれば、その努力はまったくの無駄というばかりでなく、逆に、生産性の低下という形で自分に返ってくることになる。

ひと言で「田畑」といっても、そのなかでは作物や家畜を含めた多種多様な生物群が相互に関係し合い、バランスを保っている。そして、それらの生物群が周囲の環境から養分などを吸収しつつ不要な代謝産物を排出し、その代謝産物や弱い生物が別の生物に食べられるなどして、養分元素の物質循環を成立させている。しかも、それらの生物群のバランスや物質循環は、外から加えられる自然や人間の力によって新たな安定状態へと変動しやすい。

次頁上に農業生態系における物質循環を示したが、現実の農業生態系では、図のなかに書ききれないほど多様な生物および非生物が、人知では把握しきれないほど複雑な相互作用をしていることを忘れてはならない。そのどこかが成長すれば他方も成長し、どこかに狂いが生じれば、当然、他方も狂う。

農業における生態系は、人間の力によってよくもわるくもなる。

土壌における食物連鎖

植物がつくりだした有機物が土壌に還元されると、そこに細菌やカビが群がって増殖する。それを体の大きな微生物がエサとし、さらにトビムシやセンチュウなどの土壌動物が有機物破片と微生物をエサとする。そして、それらはトカゲやモグラなどに食べられる。

このように、植物にはじまる連鎖関係を食物連鎖と呼ぶ。この関係があるからこそ特定の生物群だけが増殖することなく一定のバランスを保っている。逆にいえば、この食物連鎖のなかに殺虫剤や除草剤といった化学物質を投入した場合、その影響は特定の害虫や雑草の駆除だけにとどまらない。

土壌の「物質循環」とは？

生物、とくに微生物はいろいろな代謝産物をつくる能力をもっている。体の外に放出された代謝産物、あるいは生体や遺体がほかの微生物や動物に食べられることで、窒素やリン酸などの元素が無機化され放出し、それを植物が再吸収して成長する。食物連鎖は「生きた生物だけを見た関係」だが、生きた生物の体のみならず、それ以外の間で織りなされる元素の循環を「物質循環」と呼ぶ。

農業における物質循環

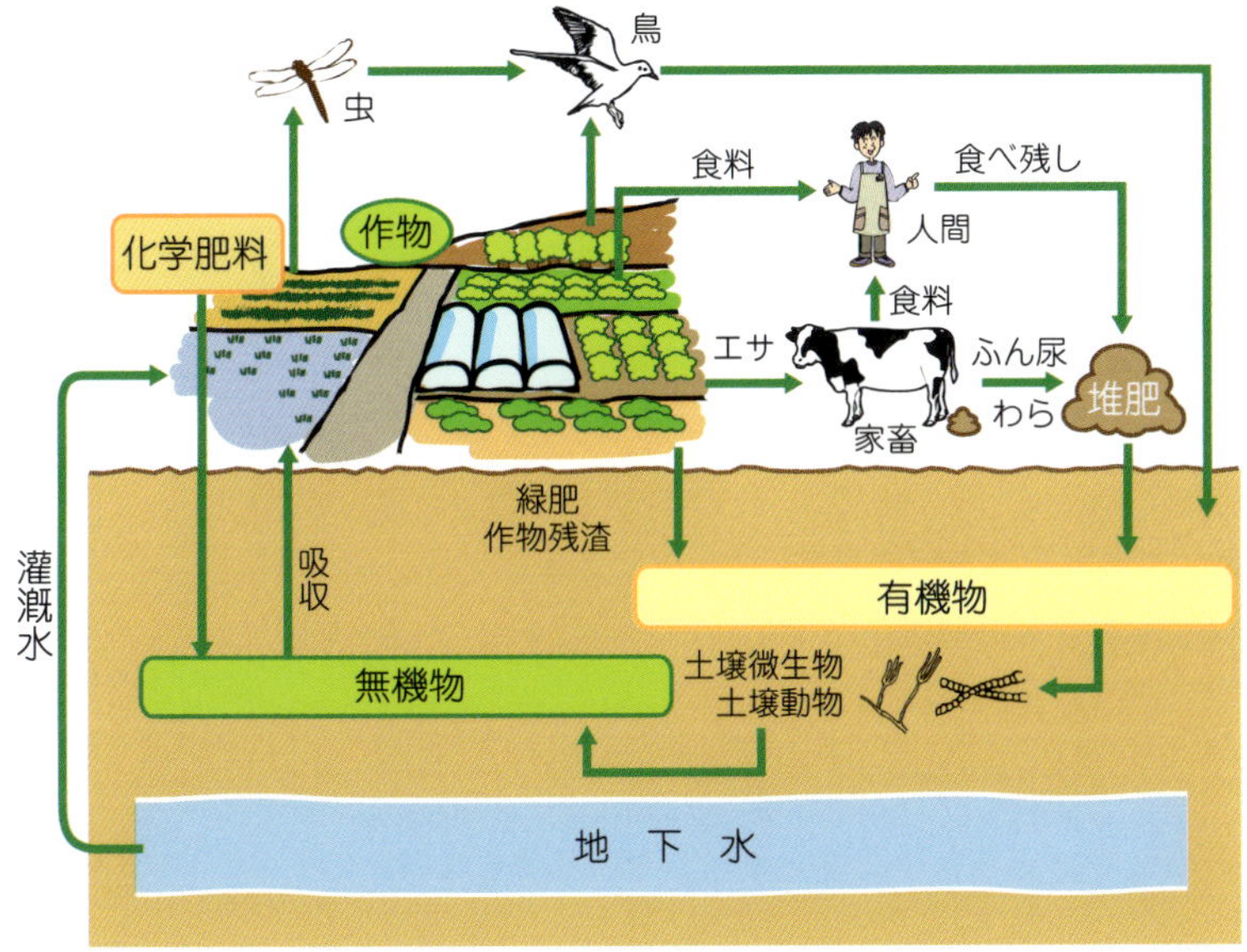

土壌における食物連鎖

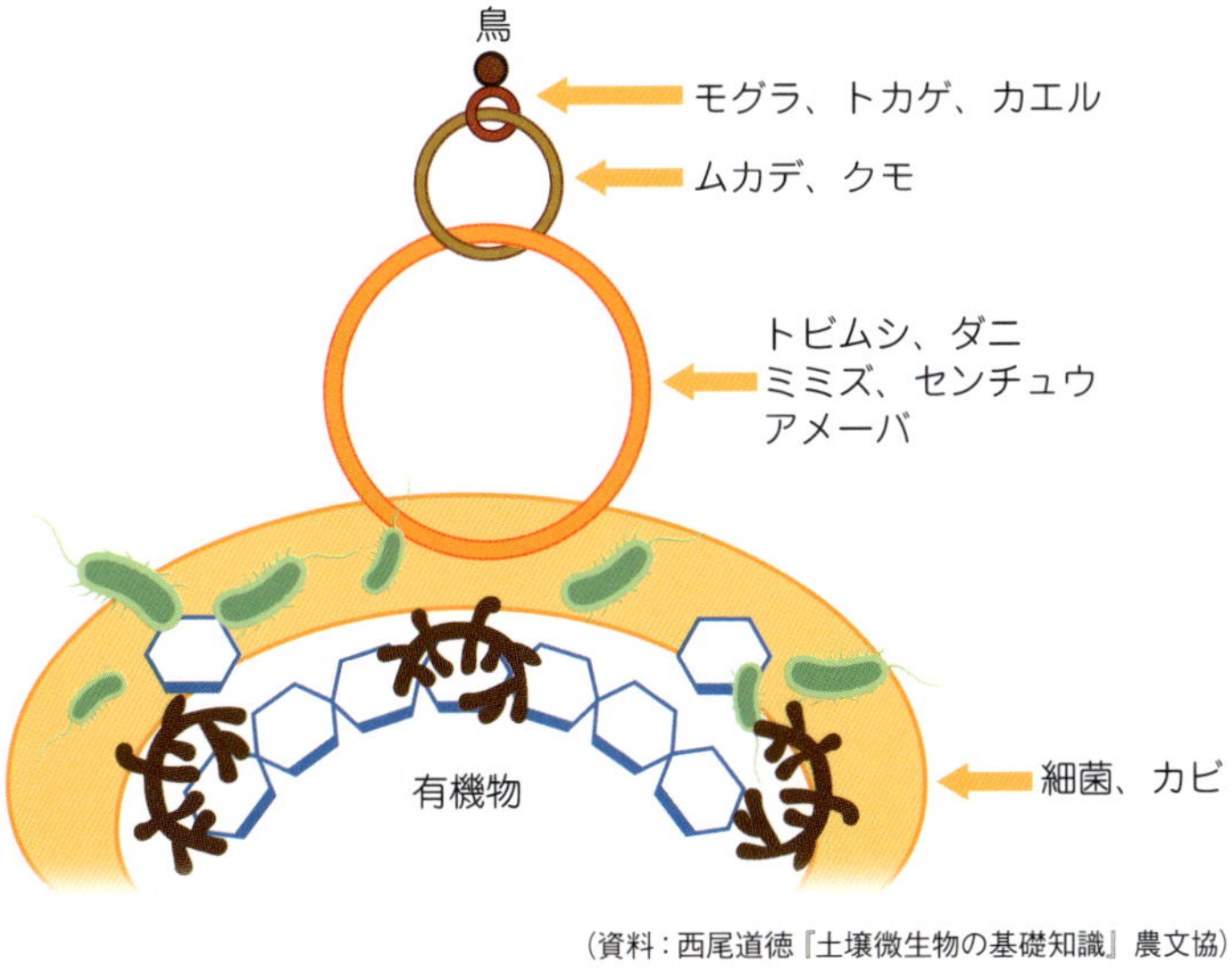

（資料：西尾道徳『土壌微生物の基礎知識』農文協）

土壌微生物間の食物連鎖

土壌微生物同士の闘いと協力

人間の世界に食糧問題や領土問題があるように、自然界においても微生物たちが自分たちのエサやすみかを求めてしのぎを削っている。一方で、自然界では性質のまったく異なる微生物同士が相互に影響しあって、利益を分けあい、助け合う関係（連携）を築いている例も存在する。そのひとつが、光合成細菌（紅色非硫黄細菌）である。

「共存」のための連携

光合成細菌（紅色非硫黄細菌）は窒素固定をする細菌で、その名のとおり光がないところでは生育できない。また、嫌気性菌の一種で酸素のないところでしか生育できない。

ところが、必ずしも酸素がないとはいえない水田表層の土壌などで、かなりたくさんの光合成細菌を見ることができる。

なぜなら、光合成細菌はある種の好気性菌と連携することで、酸素がある条件でも生育できるからである。好気性菌は酸素を吸収・利用するが、酸素の供給量よりも吸収量のほうが多くなると局部的に酸素不足を起こすことがある。つまり、好気性菌が盛んに生育している周辺では酸素が少なくなりやすく、局部的ではあるが嫌気的条件になるのである。このように、ある種の微生物の生活によって環境がつくり変えられ、そこにほかの微生物が生存しやすくなっているケースが自然界ではしばしばみられる。

「共生」のための連携

さらに、光合成細菌を好気性菌と一緒に培養すると、酸素がある条件でも生育可能になるばかりか、その窒素固定能力が単独で純粋培養したときより数倍〜数十倍も増大する。

光合成細菌と同じ窒素固定菌にアゾトバクターがあるが、次頁の表を見てもわかるとおり、両者は窒素固定能力を除けばその性質はまったく相反している。にもかかわらず、両者を一緒にして光とブドウ糖を与えて培養すると、いずれの菌とも生育がきわめてよくなる（それぞれの窒素固定能力が高くなる）のである。なぜか? まず、アゾトバクターが食べたブドウ糖が脂肪酸となって排泄される。光合成細菌はこの脂肪酸と光とで体の有機物を合成していくのだが、その際に副産物として糖類ができて排泄される。そして、この糖類がまたアゾトバクターのエサになるのである。

このようなエサの交換を通して、光合成細菌とアゾトバクターは巧みな互恵の関係を保っている。多くの微生物同士は、目に見えない糸でたがいにつながり合っているのである。

光合成細菌とアゾトバクターの共生例

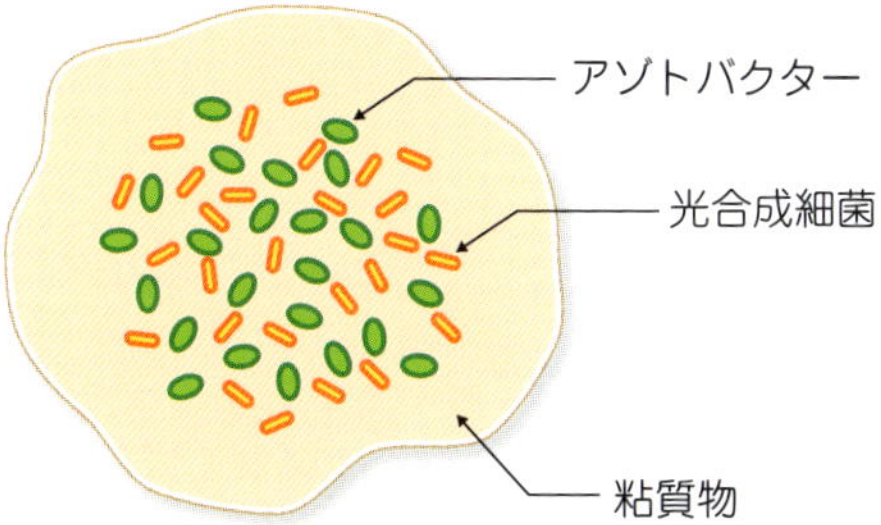

相互関係

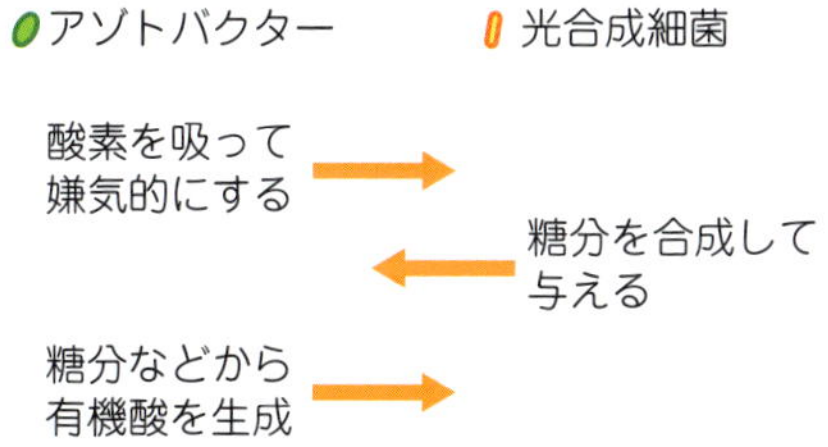

光合成細菌とアゾトバクターの生育条件の違い

	光合成細菌	アゾトバクター
酸素	少（嫌気性）	多（好気性）
光	必要とする	いらない
栄養	独立栄養（不完全）	従属栄養

（資料：渡辺巌『田畑の微生物たち』農文協）

水田土壌の微生物の働きとその利点

水田土壌の「酸化層」と「還元層」

湛水された水田土壌の表面数㎜には酸素が流入し、土壌は鉄が酸化して赤褐色になり、酸素を必要とする微生物も活動する。この赤褐色の数㎜を「酸化層」という。

一方、酸化層より下層では酸素は（微生物に消費されて）存在しない。そのため、嫌気性の微生物が活躍し、鉄も青色になり土壌は灰色〜青灰色となる。この酸化層以下の作土を「還元層」という。有機物の分解が不十分であるため、水田土壌には有機物が蓄積されやすく、とくに湿田で著しい。

連作障害が出ない

酸化層と還元層が混在する水田土壌では、元素もその影響を受ける。土壌中で鉄と結合し不溶性の形になるりん酸は、湛水した水田では溶け出して水稲に吸収されやすい形に変化する。カリウムやそのほかの微量必須元素は、水田土壌中に多量に蓄積されているのに加え、灌漑水からの供給もある。

灌漑水は養分を持ち込むとともに、水中で生育する藍藻類や土壌中の嫌気性細菌によって大気中の窒素固定が活発に起こり、水田土壌の肥沃度を高いレベルに維持している。藍藻類による空気中の窒素固定は、稲わらなどの有機物の施用によって著しく促進される。

このように、水田には養分が供給されるしくみができているため、肥料をあまり与えなくても作物が生育できる。

また、夏季は湛水による還元状態に、冬季は落水による酸化状態に……、という酸化・還元の規則的な繰り返しは、土壌微生物相にも大きな影響を与え、その多様性を増している。酸化状態では好気性菌、還元状態では嫌気性菌と、おもに働く微生物が入れ替わるために病原菌が集積することがない。加えて、根に対して有害な物質が分解され、過剰な養分も流されるため、連作障害が生じないことも水田の大きな特徴である。

水田土壌の肥沃さを物語るデータ

さらに、水田には水からの養分供給があるため、養分欠乏が出にくい。次頁に示した肥料三要素試験（全国の公設農業研究機関が実施）の成績を見ても、水田の肥沃度の大きさがうかがえる。水稲では無肥料区でも三要素区の65％の収量があるのに対し、畑で栽培する陸稲では40％である。これは無窒素区、無リン酸区でも同様の傾向が見られる。

つまり水田では、どのような条件でも比較的安定した収量が得られるということである。

水田土壌の特徴

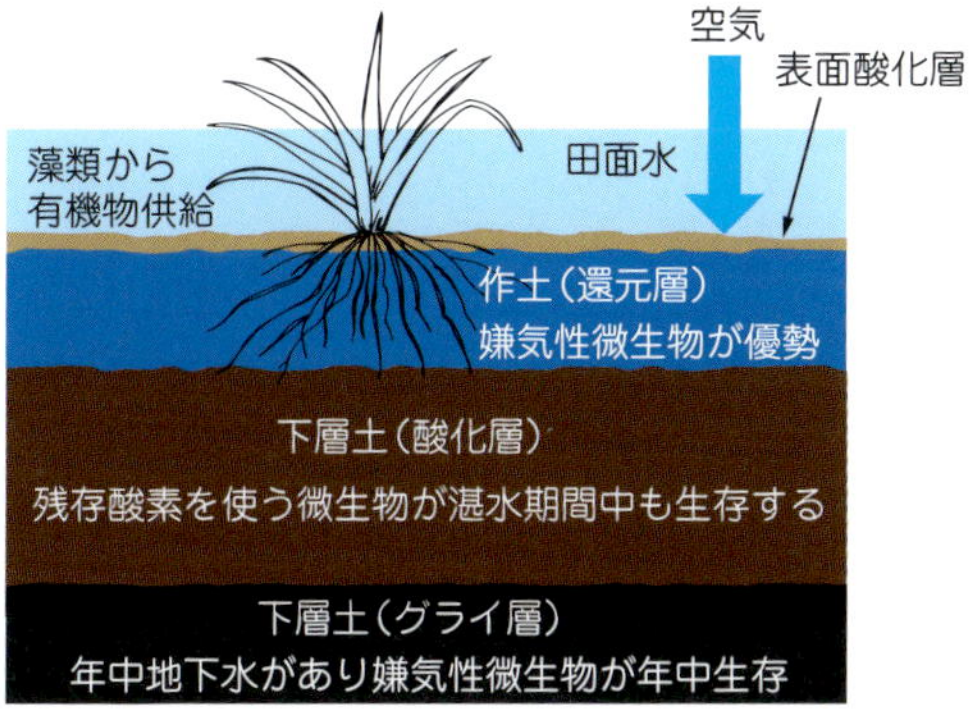

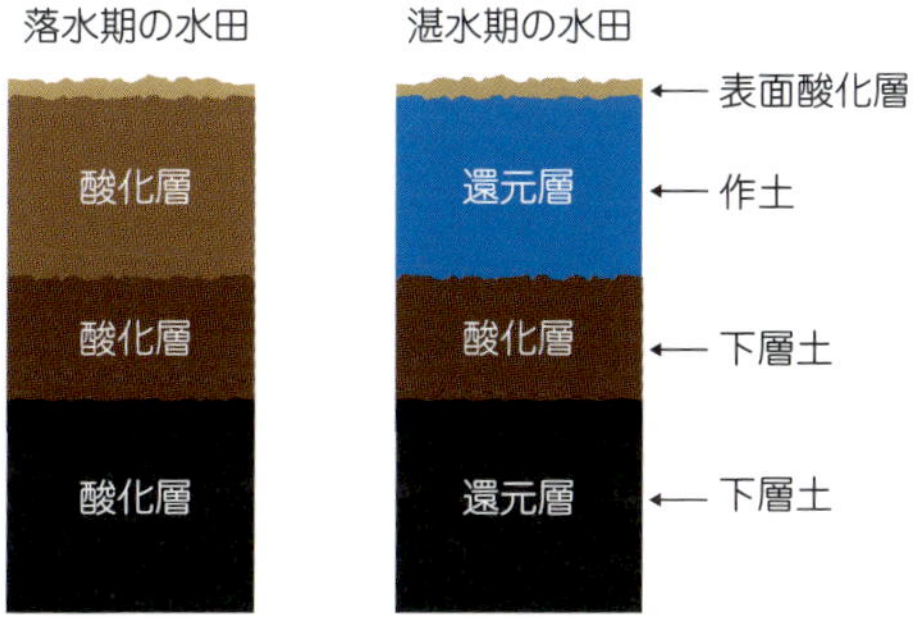

肥料三要素試験が物語る水田土壌の肥沃さ

全国の肥料三要素試験での収穫量

（kg/10a、（　）内は三要素区に対する比）

作物	無肥料区	三要素区	無窒素区	無リン酸区	無カリ区
水稲	257（65）	393（100）	285（73）	380（97）	387（99）
陸稲	90（39）	233（100）	107（46）	155（66）	210（90）

水田土壌の微生物の働きとその問題点

水田でメタンが発生するメカニズム

水田土壌における微生物の特徴とその働きがもたらす影響（利点）については１２２頁で述べたとおりだが、一方で、水田土壌における微生物の働きによる影響で問題視されていることもある。それが、地球温暖化を促進すると注目されている「メタンガス」の発生である。

水田は水に覆われているため土壌は嫌気的な環境となっており、メタノサルキナ（*Methanosarcina*）などのメタン生成菌（絶対的嫌気性細菌）が生育し、この菌の働きによりメタンが生成される。

なお、土壌中でのメタン生成には土壌の還元の発達（酸化還元電位（Eh）がマイナス１５０mV程度）が必要不可欠な条件である。すなわち、メタンガスの発生は還元がいちばんすすんだところまできている証拠であり、イネづくりの水田の条件として考えた場合、好ましくない。

土壌中で生成されたメタンはおもに水稲の通気組織を通って放出されるが、気泡あるいは田面水中を拡散して大気へと放出されるものもある。

土壌の還元的な部分で生成したメタンは、表面の酸化層を通過する際にメタン酸化菌により二酸化炭素に酸化されるため、その発生量は少なくなる。

地球温暖化におよぼす影響は23倍！

ＩＰＣＣ（気候変動に関する政府間パネル、Intergovernmental Panel on Climate Change）ガイドライン（ＩＰＣＣ２００６）によれば、世界の水田からのメタン発生量は年間２０００万ｔ以上にもおよぶといわれている。

日本の水田からは約30万ｔと推定されており、世界水準から見ればかなり低い数値といえるものの、メタンガスは二酸化炭素の約23倍もの温暖化効果がある物質である。

世界的にも発生の抑制が求められているが、日本においても、引き続き発生を抑制する努力が求められる。

メタンガスの発生を抑制するには？

水田からのメタンガス発生の削減には、水管理が重要になる。中干し期間を長くすることで水田土壌をより酸化的にして、メタン生成菌の活動を抑制することで、発生を抑制することができる。

また、土壌に稲わらを直接すき込まないで、堆肥化して施用することでも発生を大幅に削減できる。

含鉄資材（転炉スラグなど）も有効であり、不耕起栽培によりメタンガス発生が減るという報告もある。

水田におけるメタン生成・酸化・発生の各メカニズムと経路

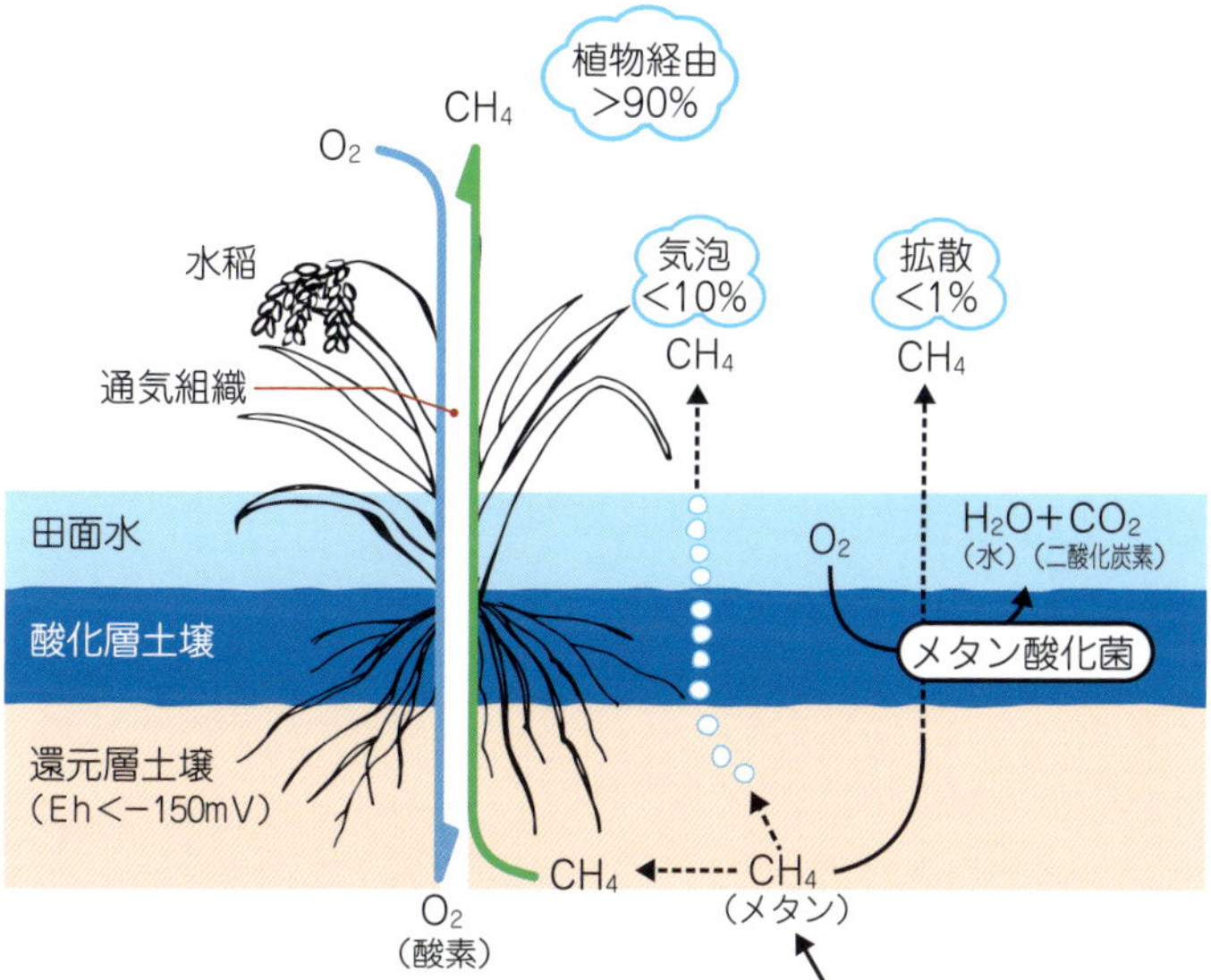

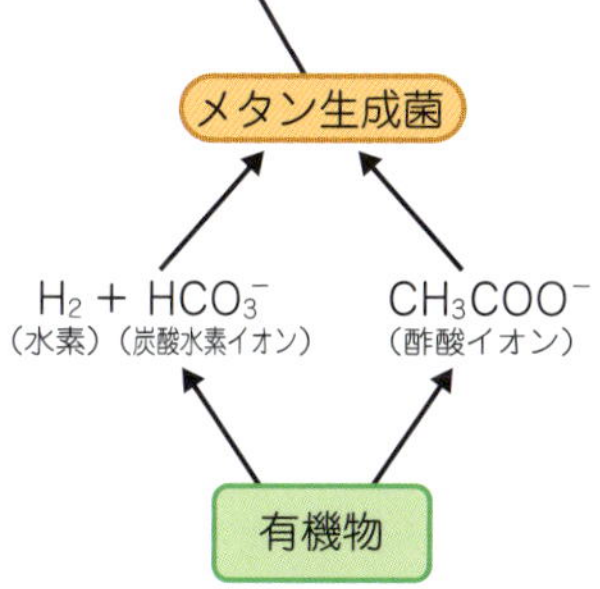

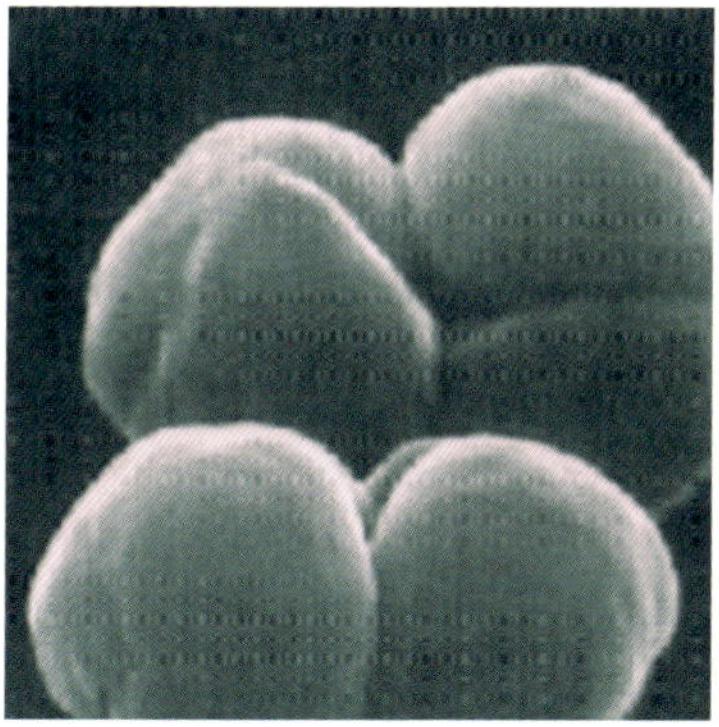

メタン生成菌（メタノサルキナ）

（資料：木村眞人・波多野隆介『土壌圏と地球温暖化』名古屋大学出版会）

畑における土壌微生物とその働き

耕し方で変わる土壌微生物の分布

畑では、作付け前の耕起作業を通じて一定の深さまで土壌を均一にする。この過程で、微生物の活動をうながす収穫物残渣・残根・投入資材（肥料や有機物など）が土に混ぜられる。すなわち、この耕起の深さが深ければ深いほど土壌微生物の活動をうながす要因が深くまでもたらされ、土壌微生物の活動と密度の高い作土層の範囲が広がるのである。

次頁上の図は、畑を30～35㎝まで耕起した場合と15～20㎝耕起した場合の、それぞれの層位別の土壌微生物数の分布を示している。表層に最も多いのは当然であるが、耕起20㎝までの区では、それ以下の土層の微生物数がどれも急激に減少していることがわかる。言い換えれば、耕起を深くまで行ったところほど土壌微生物が深くまですみついているということであり、これは耕地一般の特徴といえる。

不耕起栽培における微生物活動

こうした土壌微生物の分布パターンを物語るもうひとつの顕著な例として、不耕起栽培がある。不耕起栽培では根張りの主要部分や酸素の流入はごく表層に限定されるが、そこの根の量は耕した場合よりも多くなる。もちろん、一株全体の根の量でみれば深く耕起したほうが多いが、ごく表層に限ってみた場合には不耕起のほうが多い。加えて、不耕起では前作の収穫残渣が地表面に散在しているため、地表面やごく表層の微生物量は深く耕起した場合よりも多い。ただ、先述の微生物数の分布同様、その量は深さとともに急激に低下する。

畑の基本は「耕す」ことにあり！

耕起するためのトラクタのガソリン代の節約や、散在する作物などの残渣による土壌表面の保護（雨や風による浸食から土壌を守る）という観点から不耕起栽培が見直されているのも事実だが、深耕よりも不耕起のほうがよいのだろうか？

たしかに、膨軟で軽い火山性黒ボク土はもともと物理性がよいため、不耕起でも土があまりかたくならない。また、乾燥しやすい地方では不耕起のほうが土壌が乾きにくく、かえって耕すよりもよい場合もある。

ただ、耕すという作業はたんに土壌を膨軟にするだけでなく、雑草防除や残渣の埋め込み処理も兼ねる。不耕起栽培でも雑草防除は除草剤で行えるが、残渣は散在したままとなる。したがって不耕起栽培の好ましくない作物もあるし、湿害を生じやすい土壌やもともとかたい土壌では不耕起栽培は好ましくない。畑土壌の基本は、あくまで「耕す」ことにある。

耕起の深さと土壌微生物の数

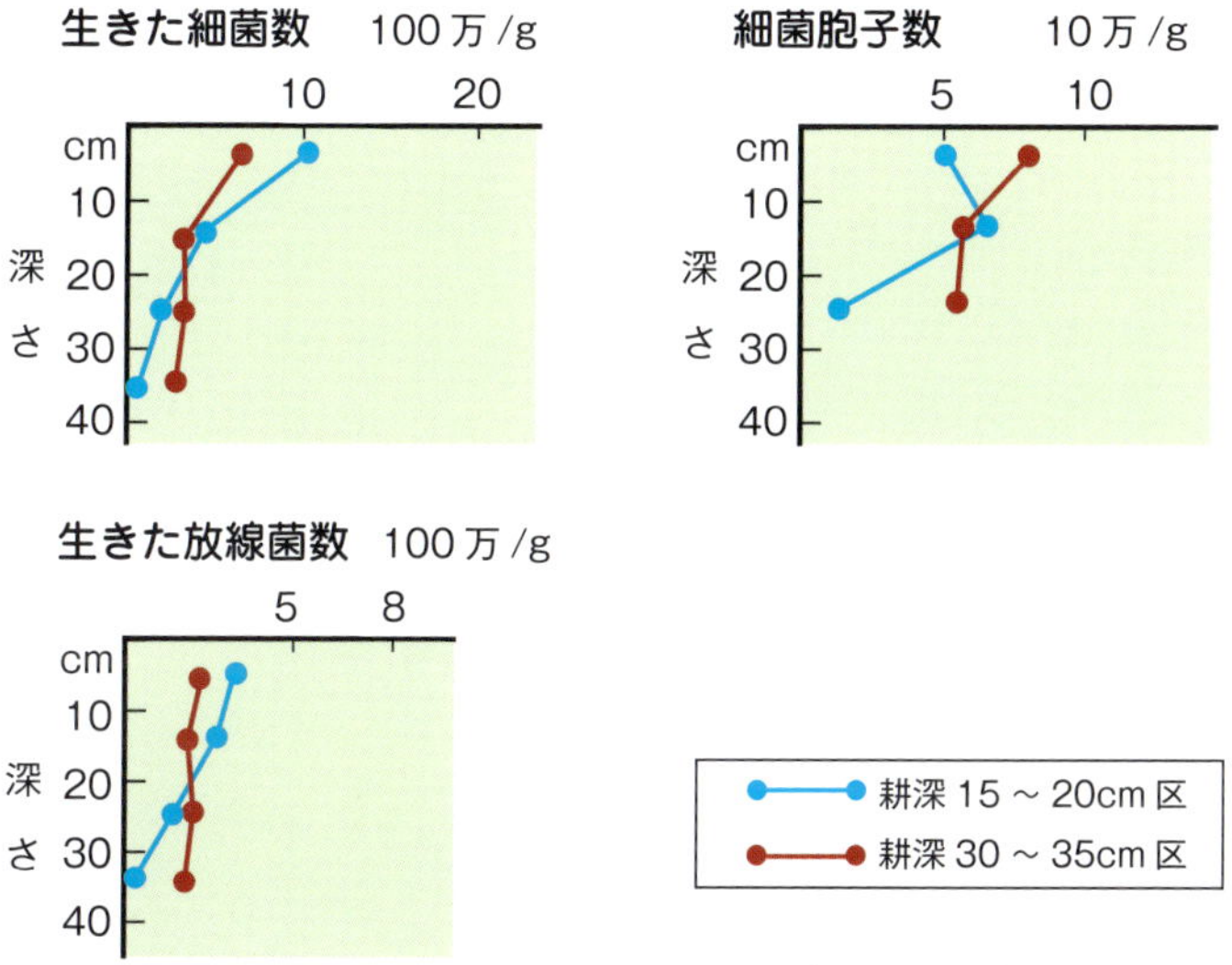

（資料：渡辺巌『田畑の微生物たち』農文協）

不耕作と深耕土壌における根と土壌微生物の分布

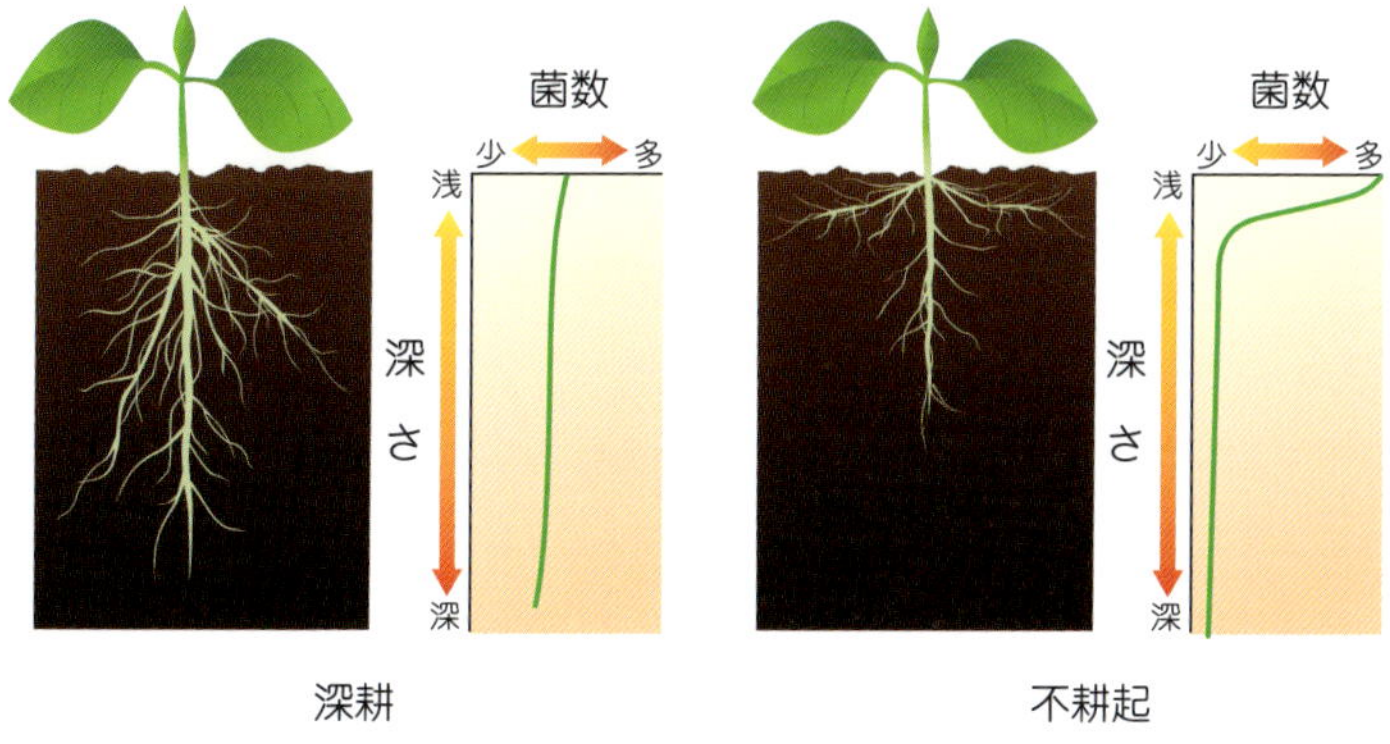

（資料：西尾道徳『土壌微生物の基礎知識』農文協）

畑土壌における問題点

畑土壌が抱える共通の問題点

日本の畑土壌は場所や土の性質を問わず、酸化しやすく風水害を受けやすい。その理由は、以下の4つである。

①カルシウムやマグネシウムが少ない土壌が多いため、降雨や多肥投入により酸性化しやすい。

②土壌が常に酸化状態であるため、有機物の分解が速い。また、硝酸化成作用が活発なため窒素肥料が水に溶けやすい硝酸塩になり、地下浸透や表面流去により窒素が流亡する。

③強風や降雨による土壌浸食が起きやすい

④同種の作物を連続して栽培することが多いため、連作障害が起きやすい

肥料への依存度も高い

さらに、酸化状態にある畑土壌は水田土壌に比べ地力の消耗がはげしいうえに、灌漑水などによる養分供給も期待できない。そのため、畑作物は土壌に含まれている養分よりも肥料に依存する割合が高い。埼玉県園芸試験場が実施した試験によれば、無肥料では葉菜類の収量は65％、根菜類の収量は35％減収となった。また、三要素を比べると葉菜類は窒素が、根菜類はカリが最も収量に影響したという。

このように畑作は、土壌養分に大きく影響を受ける。

畑土壌を改良するには？

以上のような畑土壌の問題点を克服するうえでは、次のような改良や対策が効果的である。

【酸性化対策】降雨の多い日本では、雨により塩基類が流亡し土壌pHが低下することが多いため、石灰質資材の施用による土壌改良が効果的である。ただ、施用にあたっては塩基間のバランスに注意が必要となる。

【リン酸改良】黒ボク土は施肥リン酸が土壌中のアルミニウムや鉄と結合して不溶化しやすいため、とくに新規造成畑ではリン酸改良が効果的（鉱質土壌ではあまり必要ない）。有機物と併用するとさらに効果が高まる。

【有機物の施用】微生物性や物理性の改善を目的に、良質な堆肥を年間10ａ当たり年間1～2ｔ施用すると効果的である。また、トウモロコシなどのイネ科作物を栽培し緑肥としてすき込むと、輪作と有機物供給の2つの利点がある。ただし、未熟な有機物や劣悪な堆肥の過剰投入は、かえって土壌微生物の多様性を減少させることがあるので、注意が必要。

【客土】砂質土壌で保水力も保肥力も弱い場合は、良質の粘土を含む土を投入。団粒構造を発達させ土壌を改良する。

畑土壌の問題点

① 酸性化しやすい

酸性の雨水や、硫安などの酸性化学肥料の施用で、土壌の酸性化がすすむ

② 有機物肥料分解が速く、窒素肥料が流亡しやすい

好気性微生物が活発なため、有機物の分解が速く、水田と比べると多量の有機物投入が必要。硝化菌が多いため、窒素肥料は水に溶けやすい硝酸塩になりやすく、地下水などへ流亡しやすい

③ 土壌浸食が起きやすい

ゆるやかな傾斜地が多いため、風や雨による土壌の飛散・流亡が起きやすい

④ 連作障害が起きる

同じ作物を続けて植えると、養分バランスのくずれや、根から出る有害成分、病害虫や病原菌の増加により、連作障害が起きやすい

有機物資材による地力維持

地域ごとに異なる分解速度

地力を維持するうえで最も重要な対策が、堆肥など有機物の施用である。有機物は土壌微生物によって分解される過程で、作物の生育に必要な土壌条件をつくりだしている。

有機物が分解される速度は、「有機物の質」と「地温」に大きく影響される。施設畑は露地畑より、温暖地は寒冷地より有機物が分解しやすいため、より多くの有機物の施用が必要になる。

地力維持に必要な堆肥量は？

土壌中に生息する微生物が活動するためには、炭素を酸化してエネルギーを得ること（呼吸作用）が必要である。そのため、土壌中ではたえず炭素の形態が変化している。

有機物を施用しない畑で年間二作栽培した場合の炭素収支を調べると、年間４８１kgの炭素を消費していた。これに対し、作物残渣や根など作物から土壌へ供給される炭素が２４５kg。つまり、４８１kgから２４５kgを引いた年間２３６kgの炭素が畑から持ち出されたことになる。地力を維持するためには、消耗を堆肥などの有機物で補う必要がある。

なお、堆肥の施用基準は指導機関によって各地域で基準が作成されている。次頁に作物別堆肥の施用量の例を示す。

作物別・堆肥施用のポイント

作物別の堆肥利用のポイントは、以下のとおりである。

【水稲】窒素肥料の量が多いと倒伏したり米の品質が低下するため、窒素の多い鶏ふんや豚ぷんは不適。湿田では異常還元の原因となるため使用量に注意する。

【野菜】露地野菜は一作につき10a当たり牛ふん堆肥１ｔが基準。同じ畑に年で二作する場合は１ｔを２回施用する。

【施設野菜】集約栽培となるので、土の物理性の改良と保全をはかるために良質の完熟堆肥を施用する。一作につき10a当たり２ｔが基準。また、圃場の空き期間が少ないため未熟なものは使わないほうがよい。

【果樹】窒素成分が過剰に供給されると果実の着色や糖度に悪影響をおよぼすため、飼料成分の多い堆肥の多量施用は行なわない。また、未分解の木質があると病原菌や害虫が増殖し、紋羽病の原因となることがあるので注意する。

【飼料作物】多量の生糞尿が施用されることがあるが、それは窒素の過剰蓄積や養分のアンバランス化の原因につながる。土壌環境を悪化させるだけでなく、家畜の健康に害をおよぼすこともあるため、多量施用しないように注意する。

作物栽培に必要なおおよその有機物量

	土壌微生物により１年間に消費される土壌有機物量（kg）	それを維持するのに必要な有機物量（t）
水田	50	0.5
野菜畑	150	1.5
果樹園	100	1
施設畑	200	2

注．有機物量は牛ふん堆肥（含水率 50%）の場合で示した。これはおおまかな例であり、地域や作物により必要な有機物の量は異なる

作物別堆肥の施肥基準の例

（10a 当たり）

作物名		稲わら堆肥	畜ふん堆肥化物*		オガクズ混合畜ふん堆肥**
			牛	豚・鶏	
水稲	乾田	1t	1t	0.5t	0.5 ～ 1t
	半湿田	0.5t	0.5t	0.3t	0.5t
普通作	畑	1t	1t	0.5t	1t
野菜	露地	1t/ 作	1t/ 作	0.5 ～ 1t	1t/ 作
	施設	2t/ 作	2t/ 作	1t/ 作	2t/ 作
果樹	ミカン	1 ～ 2t	1 ～ 2t	0.5 ～ 1t	1 ～ 2t
	落葉樹	1 ～ 2t	1 ～ 2t	0.5 ～ 1t	1 ～ 2t
飼料作物		1 ～ 2t	3 ～ 4t	1 ～ 3t	3 ～ 4t

*畜ふん堆肥化物：家畜ふん主体のもので、敷料以外のオガクズを含まないものを示す。水分調節材として、コーヒーカスや無機質資材を混合したものもこれに含める

**オガクズ混合畜ふん堆肥：畜種にかかわりなく水分調節材として、オガクズや木クズを容量で 30% 以上混合したものである。モミガラを多量に混合したものもこれに含める

農薬・化学肥料と微生物

農薬や重金属による土壌汚染

１９４０年代にはじまった農薬の開発は、農産物の安定生産に寄与したが、薬剤によっては土壌悪化の引き金となった。現在は残留性の少ない安全な農薬が使用されているが、酢酸フェニル水銀（１９６８年使用禁止）や、ＤＤＴ、ＢＨＣといった有機塩素剤など、使用禁止になった農薬の残留や工場廃棄物などによる土壌汚染がいまだに問題になっている。

「土壌汚染防止法」（１９７０年制定）による厳しい規制があるが、水田のカドミウム汚染をはじめ、いまなお土壌汚染が見られ、浄化技術や処理対策が検討されている。

土壌消毒が微生物に与える影響

土壌消毒は土壌病害が蔓延してしまったときの〝最終手段〟的な措置ともいえるが、塩素系、とくに化学農薬による燻蒸消毒を行うと、硝化菌が完全に死滅しやすいため、施用したアンモニウムが硝酸にならず、作物にアンモニア中毒を起こすことがある。また、アンモニウムイオンはカリウムイオンと同じ大きさのため、似た行動をしてアンモニウムイオンが過剰になると、カリ過剰と同じように微量元素の吸収阻害が生じる（ただし、太陽熱消毒、蒸気消毒、易分解性有機物投入による微生物活性を利用した還元消毒など、土壌微生物多様性に与える影響がマイルドな土壌消毒も知られている）。

さらに、消毒した土壌では、増殖速度の速い菌が先に回復して優先し、それらを中心に菌の種類が単純化するうえ、著しい微生物多様性の崩壊を引き起こすことが知られている。消毒直後の土壌は、死菌体というエサも豊富であるうえに、菌の間の競争も少ない。そのため、生育速度の速い病原菌が生き残っていたり外から入ってくると、急速に増殖する。消毒土壌には、土壌消毒を続けない限り、かえって土壌病害の大発生を助長するという大きなリスクが伴う。

過剰施肥による土壌の荒廃

堆肥を十分に施用していれば土壌の緩衝能が高まるが、堆肥を施用しないで多肥栽培を継続すると地力の著しい低下を招く。また、窒素肥料が多いと硝酸が多量に蓄積して土壌のpHも低下し、土壌を荒廃させ、さらに、ガス害も生じる。畑に尿素を多施肥すると、著しい土壌微生物多様性の低下が起こり、酸化状態のもとで亜酸化窒素ガスやアンモニアガスが発生する。水田に硫安を多施肥すると、還元状態のもとで硫化水素ガスが発生する。このように過剰施肥は、持続的農業には有害となることが明らかとなってきている。

土壌消毒による硝化菌の死滅がもたらす生育障害

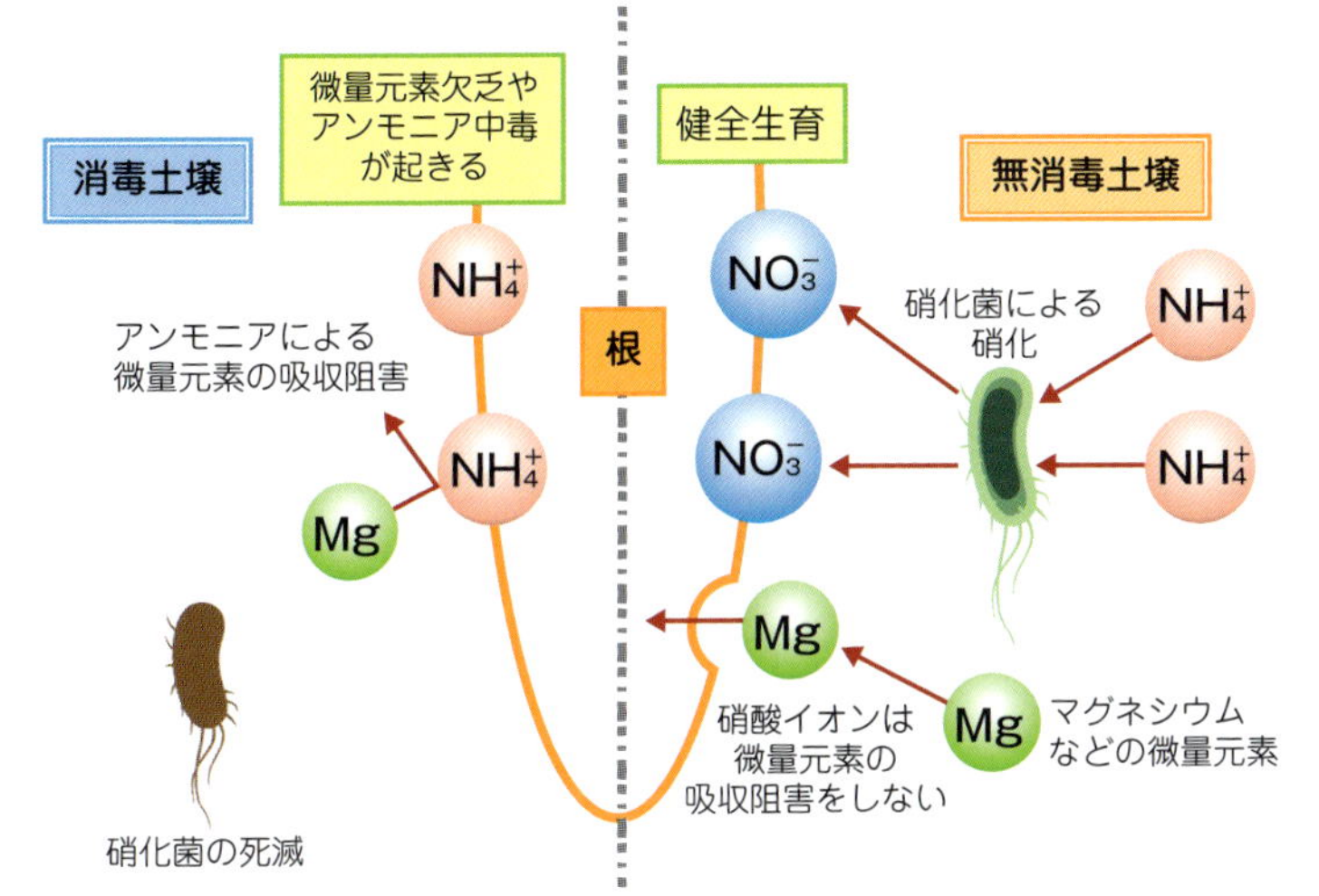

（資料：西尾道徳『土壌微生物の基礎知識』農文協）

過剰施肥による害

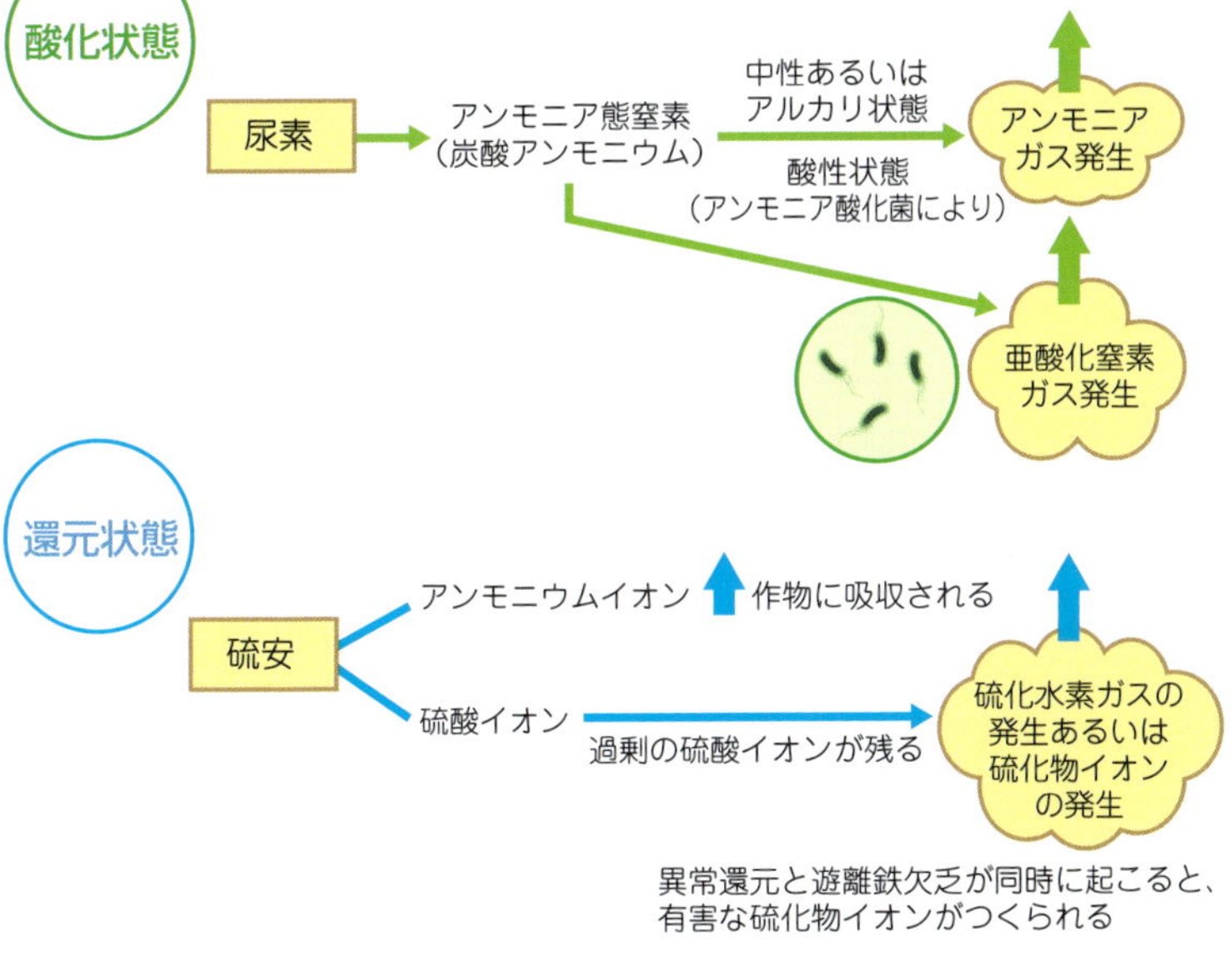

（資料：藤原俊六郎『新版 図解 土壌の基礎知識』農文協）

連作障害と微生物の関係

連作障害とは？

同じ作物を同じ畑に毎年作付けすることを「連作」というが、連作をすると作物の生育がわるくなったり、病虫害にかかりやすくなって収量や品質が低下することが昔から知られていた。江戸時代には「いや地」（忌地＝作物を嫌う土地という意味）と呼ばれていたが、現在では、連作による害を「連作障害」と呼ぶ。作物の生産効率をあげるために生産地が集団化したり施設が大型化すると、どうしても商品性の高い作物が連作されることが多くなり、重大な問題となっている。

連作障害の原因

連作障害のおもな原因としては、①土壌の理化学性の悪化による生理障害、②土壌中の微生物多様性の減少による、病原菌に対する静菌力の減少、③土壌病原菌または土壌害虫の加害、④植物由来の毒素による害、などがある。

同じ種類の作物が連作されると、土壌微生物相の生物性の低下や単純化により生態系が不安定化し、その根に侵入できる菌が根で増殖→残根上で生き残る→新しい根に感染して増殖……、というサイクルを繰り返して病原菌が集積する。とくに野菜の栽培期間は普通畑作物（6カ月間）に比べて短く、年に2～3回連作されることも珍しくはない。当然、収穫から次の作付けまでの期間が短いほど、残根上での病原菌の死滅は少ない。これにより、有害なセンチュウやフザリウムなどの連作に伴なう病原菌の集積が加速するのである。

また、植物は根からほかの植物あるいは自分自身に対して有害物質を排出する。次頁の表は、いろいろな植物の旺盛な生育をしている時期の水耕液が、それらの作物の若い苗の成長をどれだけ阻害するかを調べた結果である。いずれの作物も自分自身の水耕液での生育が最もわるいのがわかる。こういった土壌の化学環境の悪化が、さらに微生物生態系の不安定化を助長し、病原菌のひとり勝ち状態を加速する。

連作障害の対策法

センチュウやフザリウムなどの土壌病原菌・害虫増加の対策としては、作物残渣や残根を圃場から持ち出すとともに、激発するようになれば土壌消毒を行う（できれば、土壌微生物相に与える影響がマイルドな土壌消毒〈132頁〉が望ましい）。植物由来の有害物質の蓄積を抑えるには、作物を換えるか、良質な有機物の施用によって微生物活性を高め、原因物質を分解する方法がある。また、同じ圃場で水田と畑を3～4年おきに交代する田畑輪換という方法もある。

作物相互間における作物根分泌物の生育阻害度

供試作物 分泌（水耕液）	トマト	ナス	エンドウ	ダイズ	コムギ	オオムギ	陸稲	水稲
トマト	**75**	97	98	95	86	93	111	110
ナス	82	**75**	94	88	107	90	112	99
エンドウ	87	83	**84**	91	83	83	83	99
ダイズ	100	92	96	**90**	105	100	100	98
コムギ	78	85	97	86	**83**	80	79	84
オオムギ	105	83	106	100	91	**89**	78	95
陸稲	93	99	99	105	116	104	**77**	72
水稲	100	118	95	106	123	101	94	**93**
対照（水道水）	100	100	100	100	100	100	100	100

注. 1　水耕液は、煮沸水道水を冷却し、pHのみ調節して成長期の作物を2～3日間水耕して、この廃液を濾過調整した。この液を用いて、各作物の幼植物を水耕培養し、液を3回更新し、9～12日後に生育調査を行った

2　表中の数値は、対照区(水道水)を100としたときの生体重比率をもって示した

（資料：渡辺巌『田畑の微生物たち』農文協）

田畑輪換の利点

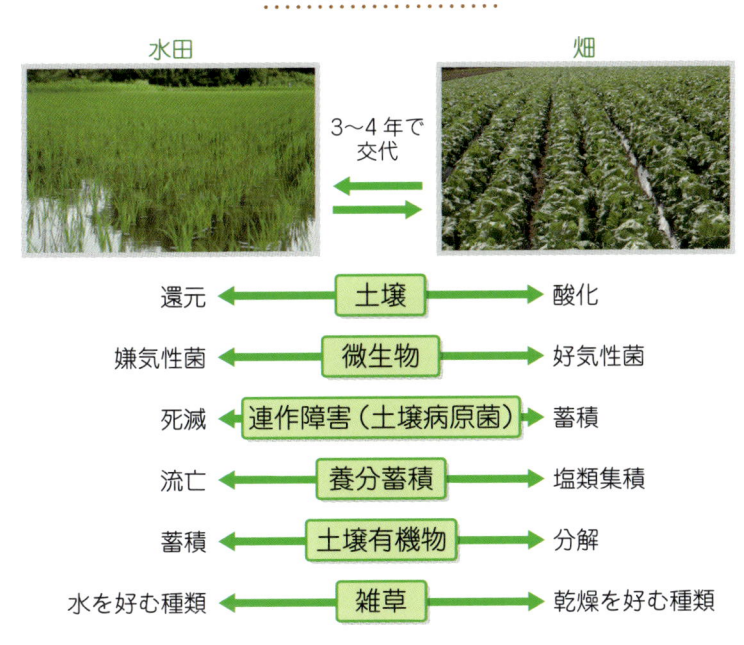

水田

3～4 年で交代

畑

還元 ← 土壌 → 酸化

嫌気性菌 ← 微生物 → 好気性菌

死滅 ← 連作障害（土壌病原菌） → 蓄積

流亡 ← 養分蓄積 → 塩類集積

蓄積 ← 土壌有機物 → 分解

水を好む種類 ← 雑草 → 乾燥を好む種類

土壌動物（微生物）の有効活用

微生物もうれしい「菜っぱマルチ」

無農薬有機栽培で農業をはじめたい人におすすめの微生物活用方法のひとつが「菜っぱマルチ」だ。やり方はさまざまだが、たとえばナス、トマト、キュウリなどの果菜類を定植し活着したところに、さまざまな種類の菜っぱの種子を混ぜ合わせて密植になるよう全面に散播し、土を撹拌して覆土する。この撹拌により畑の雑草はなくなり、2～3日すると菜っぱ類が畑一面に発芽する。これが菜っぱマルチである。

その効果には、①雑草の発生を抑制する、②急激な地温の上昇や低下を防ぎ作柄を安定させる、③乾燥を防止する、④雨による土のはね返りを防ぎ病気の発生を抑える、⑤天敵を育て害虫の発生を抑制する、⑥紫外線をカットして土壌中の有用微生物の活動を助け、土壌の団粒化による排水・保水力を高める（地力の増進と肥効の向上）、⑦多種の植物根から分泌される有機物の効果により、土壌中の微生物の多様性、活性が増加し、生態系が活性化、安定化する、などがある。

ミミズ堆肥で持久力アップ！

ミミズがもつ優れた機能については第9章のなかでも紹介しているが、ミミズ堆肥のおかげで食料自給率をアップさせたという驚きの国もある。それがキューバだ。

キューバではソ連崩壊に伴ない、それまで依存していた食料や農業資材の輸入が途切れた。そこでキューバは国を挙げて都市農業を推進した。その基盤となったのが、ミミズを使ったミミズプロジェクトである。

いまや世界有数の有機農業大国となったキューバでは、都市住民が自宅の庭や屋上、市民農園を使って有機野菜を自給しているが、そこでミミズを使った生ゴミ堆肥が広がっている。この動きは日本の有機農業にも影響を与え、日本の農地はもちろん家庭菜園にもミミズ堆肥が取り入れられている。

ミミズ採集のきほん

畑などにすむ大型陸生ミミズの採集は手づかみで行う。土を掘り取り、土塊や根を手でほぐしつつ手やピンセットでミミズを採集し、60％アルコール液の入った容器に保存する。

小型陸生ミミズおよび水生ミミズは、湿式篩法で採集。まず採集する土や枯れ葉などを麻布で包み、ロート内の水中に浸して上方から電灯を照らし温める（水面温度が3時間後に42℃になるよう電灯の強さと高さを調整）。3時間後にロート下部から水を少しずつ平たい容器に移し、スポイトや針ですくい上げて別容器（60％アルコール液）に保存する。

菜っぱマルチのようす

種をまく菜っぱはなんでもよく、種の価格の安いアブラナやコマツナなど、あるいは自家採種したものなら気軽に密播きできる

ミミズ堆肥

キューバの食糧危機の救世主となったミミズ堆肥。キューバでは町の各地に農業コンサルショップが設置されているが、そこでもミミズ堆肥やミミズの体液を利用した液肥が販売されている

ミミズを活かして環境保全

●家庭におすすめ！手軽で失敗しない生ゴミ処理法

最近、家庭から出る生ゴミをミミズを使って処理する家庭が増えている。その方法はいろいろあるが、なかでも手軽にできて失敗もなく、家庭で実践しやすいのが「ブロックビット方式」である。

用意するものは、①コンクリートブロック（四方を固める数量）、②バーベキュー用の金網、③ヤシの実繊維（100円ショップなどで市販されている「ふえる培養土」。ブロック4個の大きさに1～2袋の割合）、④シマミミズ（専門の養殖業者から500g以上で購入してはじめるのがオススメ）、⑤ミミズや土を混ぜるための熊手（スコップはミミズを傷つけてしまうのでNG）のみ。初期費用も少ないうえにランニングコストがかからず、わずかなスペースで半永久的に生ゴミ処理ができるのが最大の魅力だ。処理量も比較的多い。

●今日から実践してみよう！

ミミズブロックピットのつくり方は、以下のとおり。

①設置場所と広さを決め（直射日光の当たる場所は避ける）、ブロックの高さの半分くらいの深さに土を掘る。
②設置する場所の底にバーベキュー用金網を敷き（モグラの侵入防止用）、金網にかかるようブロックを四方に置く。
③ヤシの実繊維を水で戻し、②のなかに投入する。
④不要になった机の天板など、ミミズブロックピットを覆えるフタを用意する。
⑤ミミズを投入する。
⑥生ゴミを投入する。

注意点としては、ミミズが食べきれない量のゴミを投入しないこと。生ゴミが腐敗しない量を確認しながら投入しよう。また、絶対に必要というわけではないが、表面に新聞紙やシュレッダーの紙クズを被せておくと、ミミズが土の表面まであがってきて生ゴミを食べることができる。水分が多いと感じたときも、新聞紙などで調整が可能だ。

ヤシの実繊維を水で戻した

ミミズと生ゴミを入れたら
机の天板などで覆う

第11章

土壌微生物活用の最前線

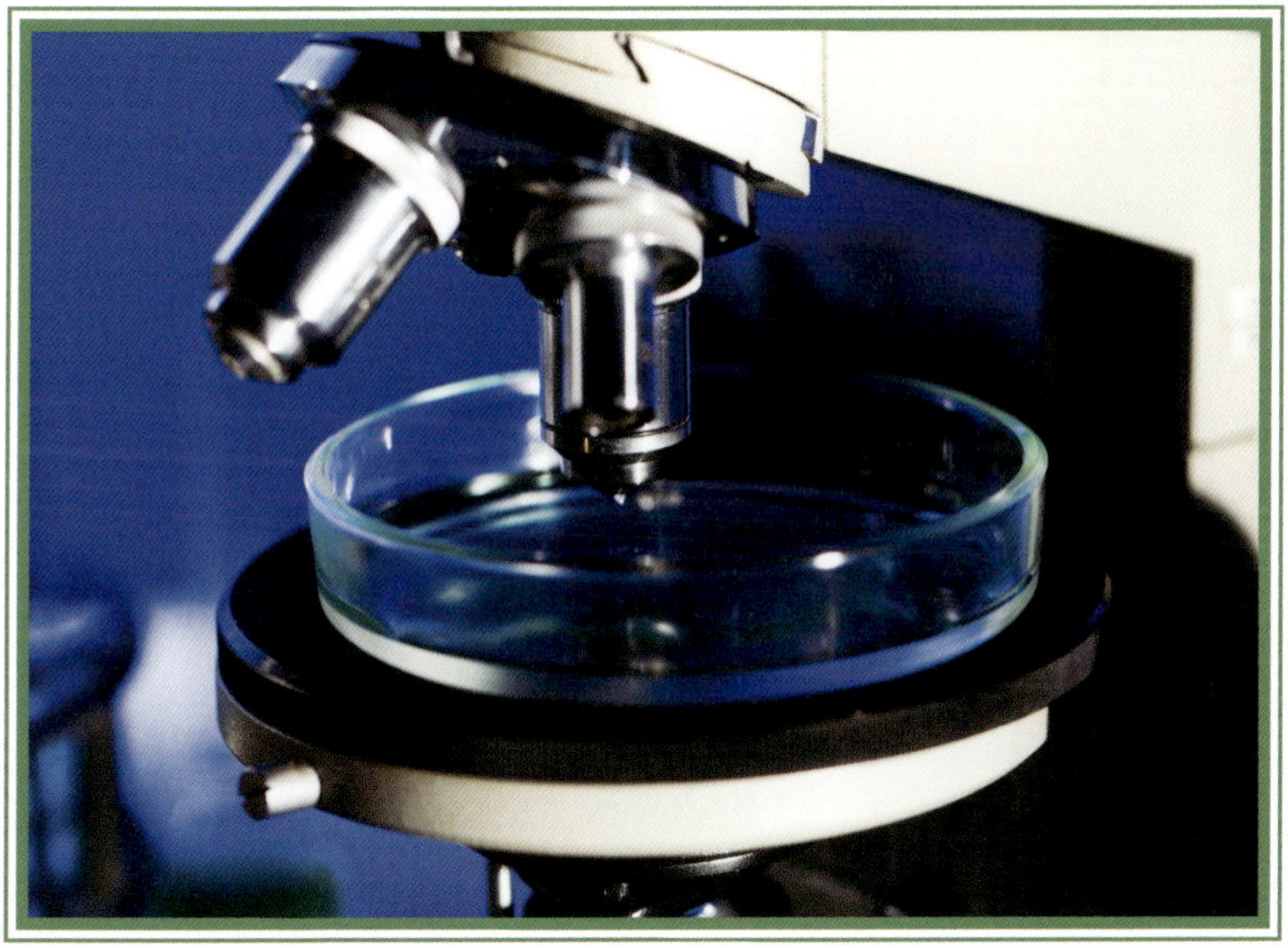

医薬における土壌微生物の恩恵

土壌微生物がつくった抗生物質

20世紀はじめに発見され、医学に大きな変革をもたらした薬に「抗生物質」がある。感染症の治療にはもちろん、農薬にも使われているが、現在、病気の治療のために使われている抗生物質のほとんどは、もともと土壌微生物がつくったものである。１９４２（昭和17）年に実用化された世界初の有効な抗生物質であるペニシリンも、ペニシリウムという土壌真菌（カビ）からつくられたものだ。

微生物の増殖を抑える働きがある抗生物質は、土壌微生物にとって土壌中における生存競争で優位に立つための〝武器〟といえる。なお、土壌微生物が抗生物質をつくるのは、その菌が活発に増殖しているときではなく、エサを食べ尽くし増殖を止めて休眠に入るときである。これは、休眠中が最もほかの微生物に攻撃されやすいため、抗生物質で敵の攻撃から身を守っていると考えられている。

人間の健康への新たな脅威

抗生物質は現代医療にかかせないが、それが普及し多用されるうちに攻撃対象の病原菌が変異し、抗生物質の効力に耐性のある遺伝子をもつようになった（抗生物質耐性菌）。そしてそれが、人間の健康への深刻な脅威となりつつある。

世界保健機構（ＷＨＯ）の報告書によれば、多種の抗生物質に対する細菌の多剤耐性（感染症の治療に抗生物質を必要とする人間の体内で多くの抗生物質が効かなくなるように細菌が変化すること）は未来の予想ではなく、すでに公衆衛生への大きな脅威であることが明らかになっている。

現時点で抗生物質はいわば〝最後の砦〟であり、もし耐性菌が増えれば、過去何十年も治療可能であったありふれた感染症や軽度のけがで命を落とす時代が到来しかねない。それを防ぐべく、いま、世界中で研究がすすめられている。

抑制に土壌微生物が役立つ可能性が

抗生物質耐性菌の拡散の原因は、細菌に抗生物質への耐性を司る遺伝子を共有する能力があるためと考えられていた。しかし最近、ワシントン大学医学部の研究者たちが発表した新しい研究で、土壌に生来的に生息する細菌は抗生物質を撃退する遺伝子を大量にもっているものの、それらの遺伝子を共有する可能性はきわめて低いことが明らかにされた。

まだ研究途中ではあるものの、この研究結果は抗生物質耐性菌を抑制するための大きな手がかりとなる可能性がある。

いま、医薬における希望は再び〝土のなか〟に託されている。

土壌微生物と医療

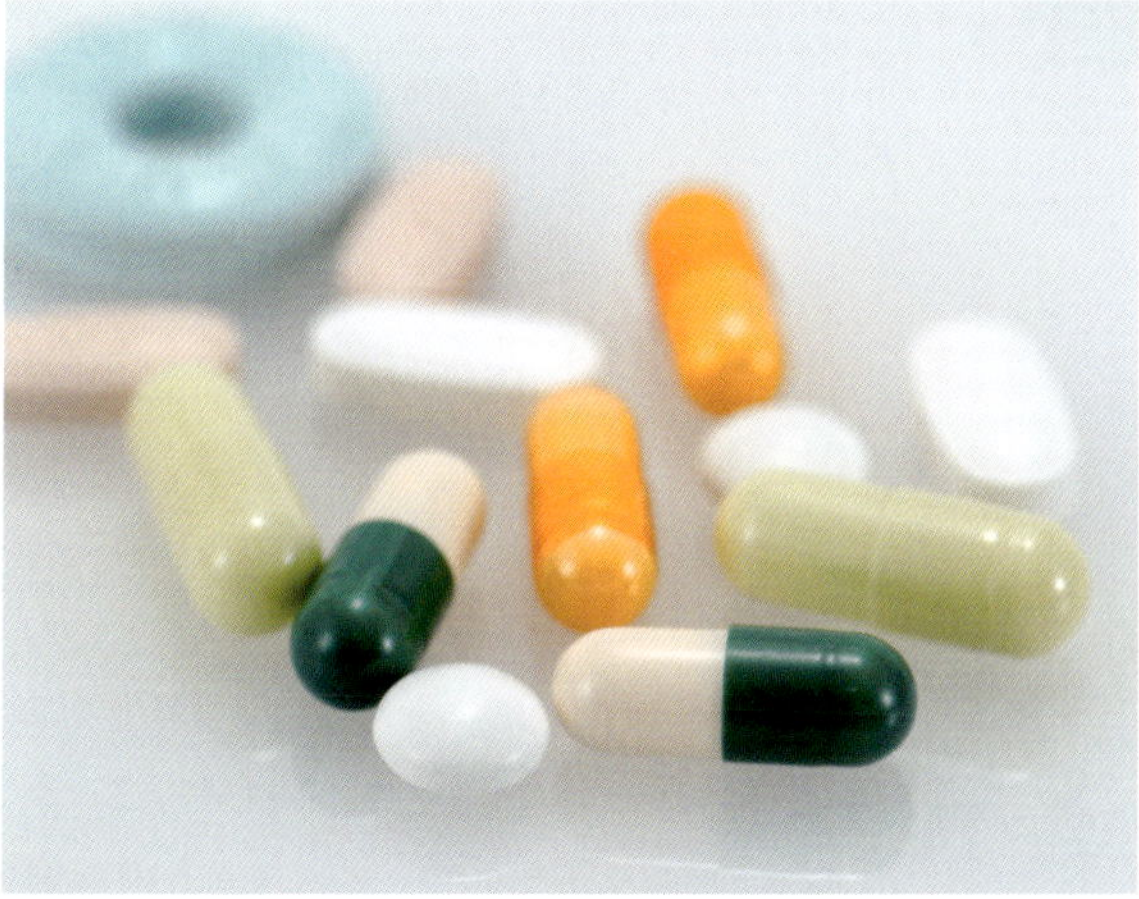

医療に大きな革新をもたらせた抗生物質のほとんどは、土壌微生物によってつくられたもの

最近の研究で、抗生物質耐性菌の抑制に土壌微生物があらためて役立つ可能性があることがわかった

環境を守るバイオ技術

微生物を利用した注目の環境浄化技術

工場や建物がある状態でも浄化可能であり、掘削除去に比べ低コスト（10分の1程度）であることから、近年、汚染された土壌や地下水の浄化技術として嫌気性微生物を利用したバイオレメディエーションを活用する事例が増えている。

バイオレメディエーションには以下の2つの種類がある。

①バイオスティミュレーション（もともとその場所に生息している微生物を活性化して浄化する技術）。

②バイオオーグメンテーション（外部で培養した微生物を導入して浄化する方法）。

なお、植物を利用して土壌の浄化などを行うファイトレメディエーションも含まれる。

現時点で多く用いられているのは①だが、これは微生物がいない場所（国内の揮発性有機化合物に汚染された土地の約3割）には適用できないため、②への注目が高まっている。

もともと生息していなかった微生物を外部から導入するにあたっては、対象土壌中の生態系バランスへの懸念があり、実用には浄化事業計画の作成や土壌微生物相のモニタリングなどによる生態系への影響評価の実施、大臣による確認などの必要性があるが、すでに実用化されている事例もあり、今後の利用拡大に期待が高まる。

日本が産油国に!?

生物資源が原料のバイオ燃料は、燃やしても大気中のCO_2を増やさない再生可能エネルギーとして注目されてきた。

ただ、トウモロコシなどの作物を原料にした場合、耕作面積を急激に増やすことができず、また穀物価格の高騰などへの不安にもつながる。そこでバイオ燃料研究で注目されているのが藻類だ。旺盛な繁殖力を生かして大量培養した藻類から油分を搾りだし、石油の代替にしようというのである。

もしトウモロコシ原料のバイオ燃料で世界の石油需要をすべて置き替えるとしたら、現在の世界の耕作面積の14倍の耕地が必要になるが、藻類の培養に耕作地を使う必要はないため、食料生産への影響はほとんどないといえる。

また、最新の破砕技術により、原料をナノメーター単位の細さに砕くことで、従来は不可能とされてきた木材や難分解性の有機物からもメタン発酵が可能となっている。さらに、従来の有機物発酵効率も飛躍的に向上させられることから、新たなメタン燃料の時代がはじまろうとしている。

日本は、世界で最も燃料の生産性に優れる藻類を発見するなど、藻類原料のバイオ燃料の研究では世界をリードしており、新しいメタン発酵技術とあわせて、日本が産油国になる日も近い、かもしれない。

環境保全と土壌微生物

バイオレメディエーションの分類

バイオレメディエーション
（微生物などの働きを利用する、土壌・地下水などの浄化技術）

- **バイオスティミュレーション**
（修復場所に生息している微生物を活性化し、浄化する技術）
- **バイオオーグメンテーション**
（外部で培養した微生物を導入し、浄化する技術）
- **ファイトレメディエーション**
（植物を利用して土壌の浄化などを行う技術）

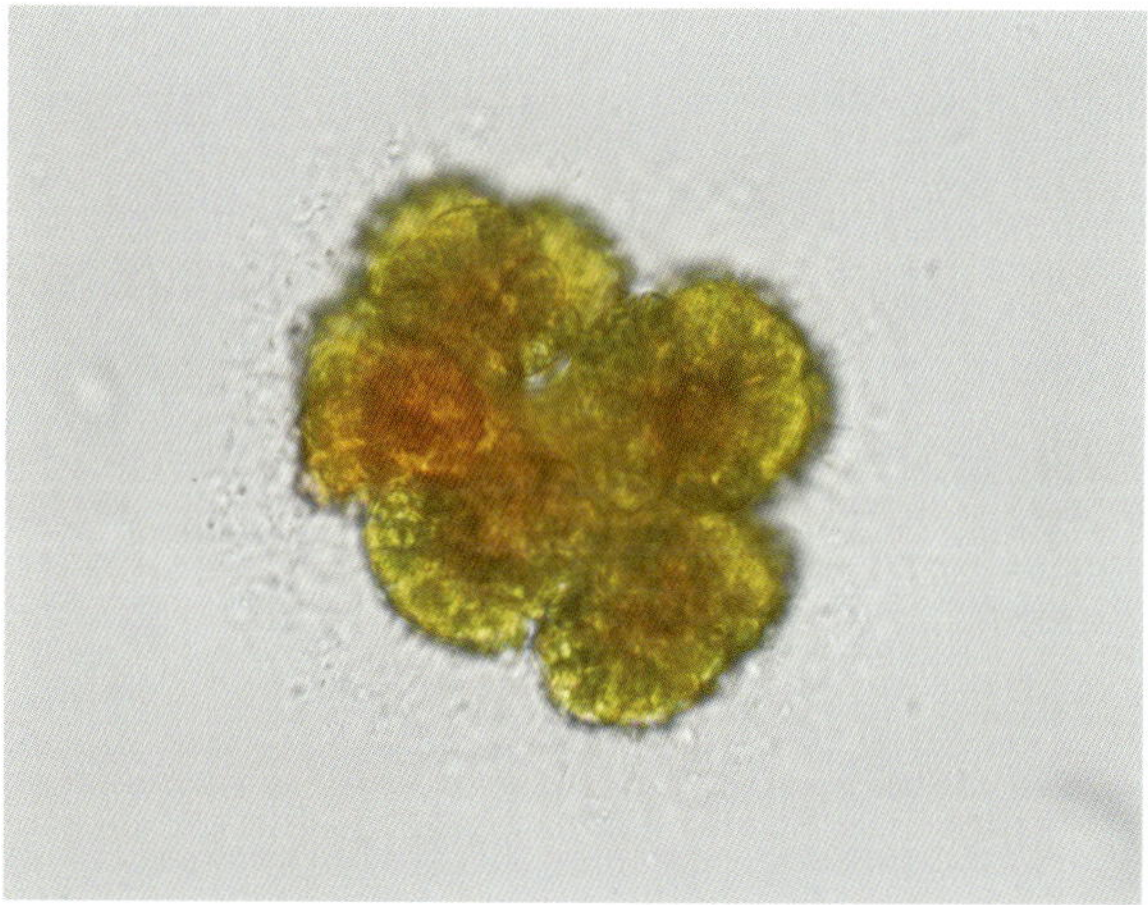

バイオ燃料の原料の急先鋒となっている藻類。日本は世界で最も燃料の生産性に優れる藻類を発見し、国内外の藻類研究をリードしている（写真は緑藻の一種、ボツリオコッカス）

農業で活用される土壌微生物の働き

「微生物農薬」とは？

微生物農薬とは、自然界に普通に存在する微生物のうち「病原菌から植物を守る微生物」や「害虫から植物を守る微生物」を選抜した製剤のことで、農薬取締法に基づく農林水産大臣による農薬としての登録も受けている。

その特長としては、①もともと自然界に存在している微生物であるため自然環境に対する影響が少なく、使用者や家畜などに対する影響を心配する必要がない、②防除対象になる病害虫に特異的に作用するため、標的以外の生物に対する影響が少ない、③化学農薬の場合、病害虫が抵抗性を獲得し年々効果が低下することも少なくはないが、微生物の対象病害虫に対する作用性は複雑であるため、抵抗性が発達しない（抵抗性が発達した事例はほとんどない）などがある。

微生物農薬の種類と働き

微生物農薬は、おもに次の種類に細分化できる。

【微生物殺菌剤】 病原菌が作物に感染して病気を引き起こすために必要な拠点（作物表面や作物内部）を先に奪うことにより病原菌の活動を妨げ、作物への感染を予防する。

【微生物殺虫剤】 コナジラミやアブラムシ、カミキリムシなど作物を食べて害をおよぼす害虫の体の表面に付着し、そのまま害虫の表皮を貫通して体内に寄生する。害虫体内の水分や栄養を利用して増殖し、結果的に害虫を死滅させる。

【微生物除草剤／微生物植物成長調整剤】 スズメノカタビラなどの雑草の体内にすみ付いて粘着質の物質をつくりだし、栄養や水分の循環を妨げることにより雑草を枯らす。

微生物を使った新たな農業への取り組み

2010（平成22）年に名古屋で開催された第10回締約国会議（COP10）で「生物多様性」が取りあげられたことは記憶に新しいが、農業にも生きものの複雑なつながりを生かす取組みが世界的にすすめられている。なかでも、植物の体内に入り込んでその成長を早めたり、病気や虫から植物を守る微生物「エンドファイト」は、肥料や農薬に変わる次世代農業のカギとして注目を集めている。

また、おもに納豆菌（バチルス・サチルス）など、微生物生態系の最も底辺を占めると考えられる微生物を土壌に導入することで微生物生態系の多様化・活性化・安定化をはかり、結果として、農地の生産性、持続性を高め、さらに植物の根圏の活性化により高品質な作物を育てる試みが、日本では数多くはじまっている。

微生物農薬の効能

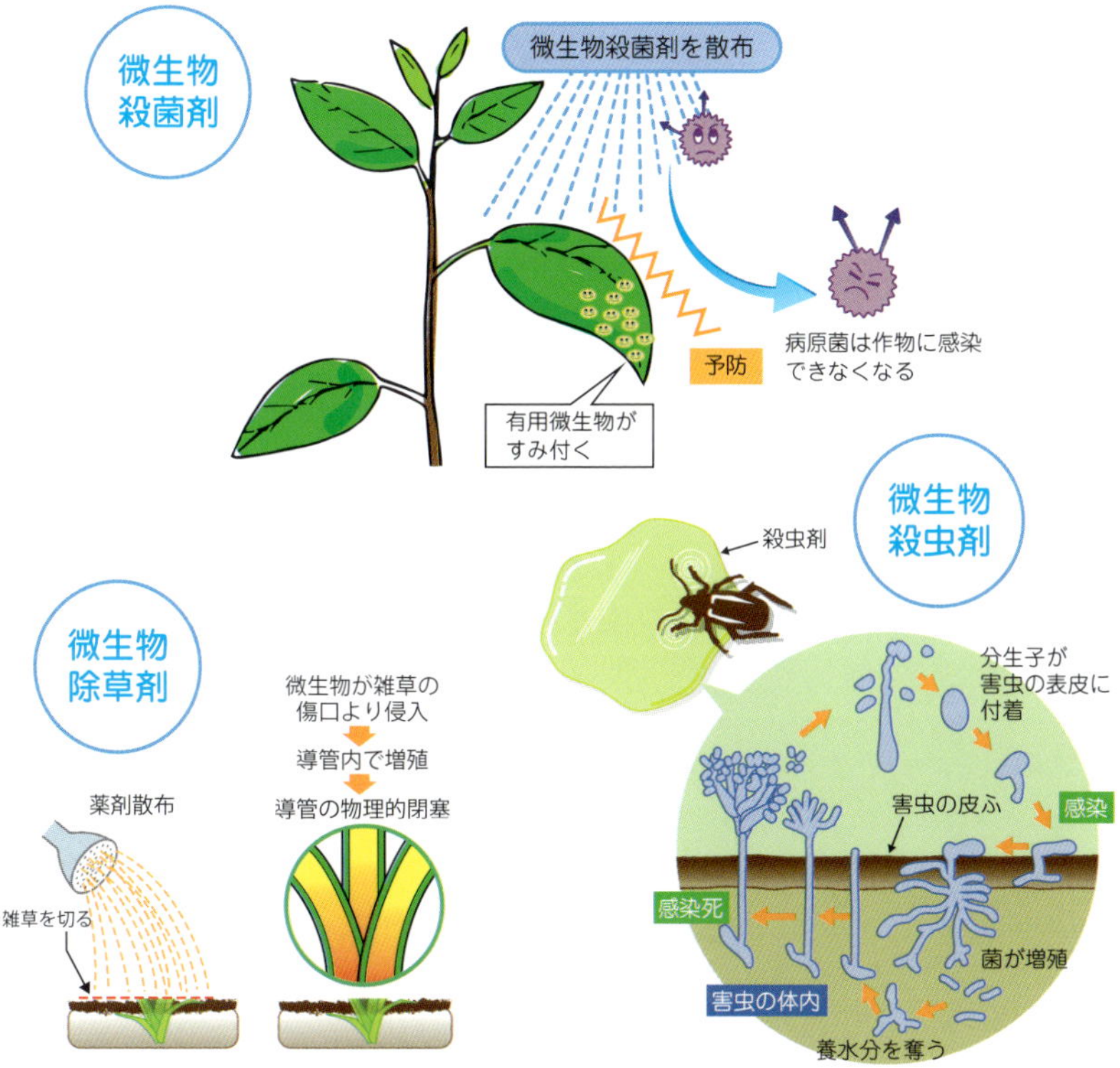

納豆菌で微生物が増える！

写真は納豆菌資材を施用していない畑と施用した畑で育てたシュンギクの根の比較。右側のシュンギクは、納豆菌資材「Dr. バシラス」（株式会社エーピー・コーポレーション）を施用した畑で育てたもの。写真中の数字はそれぞれの畑の土壌微生物多様性・活性値（40頁）。微生物が多いほうが、根は大きく、健康に育つ

（写真：(株)エーピー・コーポレーション）

今後が期待される最先端研究

プラスチックの微生物生産

２０１４（平成26）年、理化学研究所は、植物を構成する成分であるリグニンの分解物を微生物に与えることでバイオプラスチックの一種であるポリヒドロキシアルカン酸（ＰＨＡ）を合成することに成功したと発表した。

未利用の非食料系バイオマスとして知られているリグニンは、植物の細胞壁に多く含まれる芳香族化合物で構成される高分子量の化合物である。この構成成分のなかには微生物細胞内でＰＨＡの前駆体となる成分も含まれているため、理論的にはリグニン誘導体を原料としたＰＨＡの生産は可能だ。

ただ、分解性が低いことや、分解後に得られる分解物が微生物などへ毒性を示すこともあり、これまで利用はむずかしいと考えられてきた。しかし、理化学研究所を中心とした共同研究グループは、今回の研究でその問題を克服しＰＨＡの合成に成功。得られたＰＨＡは、糖や植物油を原料に合成したＰＨＡに比べ、分子量はやや低いものの、フィルムなどのプラスチック製品として利用可能な物性を示したという。

この成果は、食料生産と競合しない非食料系バイオマス原料のバイオプラスチックの実用化に向けた大きな一歩である。同時に、これまで利用困難とされたリグニンを用いた微生物による物質生産の促進という点でも大きな意味をもつ。

センチュウでガン発見？

２０１５（平成27）年、株式会社日立製作所は、九州大学とともに初期のガンを発見する検査技術の実用化を目指すと発表した。これは研究成果最適展開支援プログラム（Ａ－ＳＴＥＰ）に採用されており、２０１８年を目処に初期のガンを発見できる装置の開発をすすめるという。この装置のカギを握るのがセンチュウだ。体長１㎜のセンチュウがガン患者の尿に寄り付く集成を応用し、約１００匹のセンチュウの動きを精密に画像解析して判定するというしくみである。

医療費の抑制にも貢献

現時点ではガンの種類の判別までには至っていないものの、患者と健康な人を合わせて３００人強で実施した検討では、９割以上の精度でガンの有無を確認することができたという。

この画像解析には日立製作所のビックデータ分析技術が活用され、1回の検査費用は1万円程度、その検査時間は1時間程度。現状、ガン検診には10万円以上かかるケースもある。この技術で初期段階からの治療が可能になれば、医療費の抑制につながるため、実用化への期待が高まっている。

微生物が導く明るい未来

石油由来のプラスチック（写真）には資源の枯渇や廃棄物処理、焼却による温室効果ガスの排出などさまざまな課題がある。バイオプラスチックは、その代替材料の有力な候補として注目されている

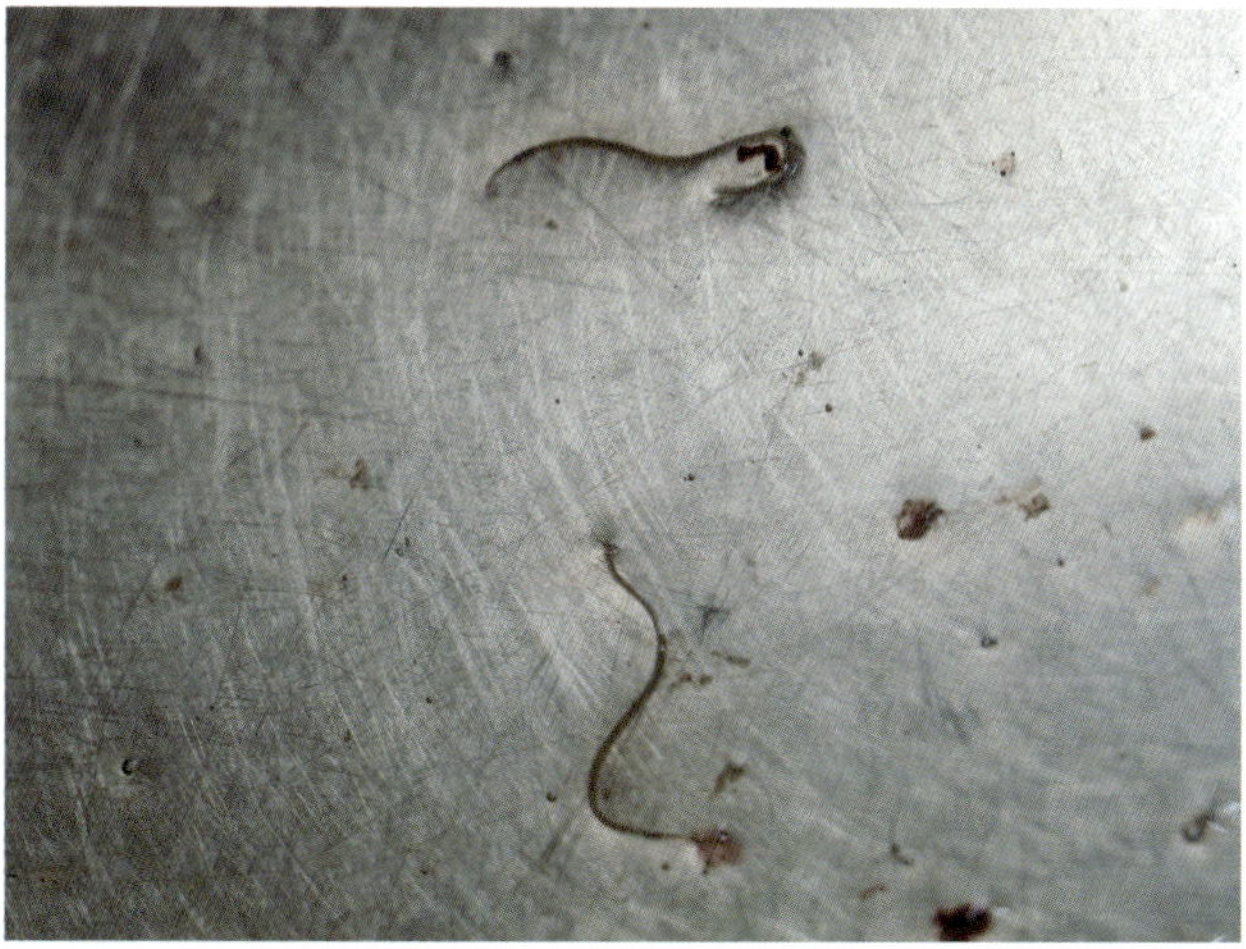

初期のガン発見への貢献が期待されるアニサキスは、回虫目アニサキス科アニサキス属に属するセンチュウの総称。海産動物に寄生する寄生虫だ

用語解説

土壌微生物の世界を理解するための基本的な用語を解説する。それぞれの用語のあとにある数字は、関連する頁数を示す。合わせて参照してほしい。

アーバスキュラー菌根菌（AM菌根菌）［あーばすきゅらーきんこんきん］→72

草本をはじめとする、ほとんどすべての陸上植物の根に共生する菌類（カビ）であり、菌根菌のなかでは最もよく見られる。AM菌根菌は根粒菌とは異なり、1種類のAM菌根菌が多くの種類の植物と共生することができる。菌糸を根の皮層の細胞に侵入させて、木の枝のように張り巡らせて「樹枝状体（Arbuscule）」を形成し伸ばす。また、樹枝状体のほかに、細胞間隙に袋のような形をした「嚢状体（Vesicle）」も形成することから、それぞれの英語の頭文字をとって「VA菌根菌」と呼ばれることもある。

亜硝酸ガス障害［あしょうさんがすしょうがい］→56

硝化菌による一連の硝化作用が途中段階で止まってしまい、中間産物である亜硝酸塩が蓄積することによって作物に有害作用をもたらす現象。亜硝酸塩は植物にとって有害であり、亜硝酸塩の蓄積は作物の生育不良の原因となる。亜硝酸ガス障害は、ハウス内での作物の栽培時に発生しやすい。

アゾトバクター［あぞとばくたー］→36、120

大気中の窒素ガスを固定する微生物を窒素固定菌と呼ぶが、窒素固定菌には、植物の根に共生している微生物と、単独で生育している微生物の2種類が存在する。前者を「共生的窒素固定菌」と呼び、後者を「非共生的窒素固定菌」と呼ぶ。アゾトバクターは非共生的窒素固定菌の一種で、好気性細菌である。アゾトバクターは自然界の窒素循環にとって、重要な役割を果たしている。

硫黄還元菌［いおうかんげんきん］→58

硫酸を硫化水素に還元してエネルギーを得ている細菌。硫酸還元菌は、水素のほかにも乳酸などの有機物を利用してエネルギーを得ることができるため、「独立栄養的な従属栄養微生物」といった、きわめて特殊な部類に属する細菌である。代表的な硫酸還元菌はデスルフォビブリオ属。

硫黄細菌［いおうさいきん］→10、58

硫黄や硫化水素などを酸化および還元して得られるエネルギーで生育する細菌を、それぞれ「硫黄酸化菌」および「硫黄還元菌」と呼び、それらを総称して「硫黄細菌」という。

硫黄酸化菌［いおうさんかきん］↓58

硫黄酸化菌には、酸素を用いて硫黄化合物を酸化する好気性の化学合成無機栄養細菌（無色の硫黄細菌）と、嫌気性下で光合成に伴って硫化水素などを酸化する光合成硫黄細菌（紅色硫黄細菌、緑色硫黄細菌）の2つの種類がある。無色の硫黄細菌としてはチオバチルス属が代表例。

ウイルス［ういるす］↓28、86

遺伝情報である核酸（DNAまたはRNA）と、その周囲にあるタンパク質からなり、生きた宿主細胞内でしか増殖できない病原体。大きさは0・02～0・3㎛で、細菌よりもさらに小さく、電子顕微鏡でしか観察することができない。遺伝子を有し、増殖する能力はあるが、細胞と呼べる構造をしていないため、生物の仲間として見なされないことが多い。

ATP（アデノシン3リン酸）［えーてぃーぴー］↓16、46

アデノシン（アデニンとリボースからなるヌクレオシド）のリボース（糖）に、3分子のりん酸が付いている化合物で、生体内に広く存在している。リン酸1分子が結合したり離れたりすることで、エネルギーの貯蔵や放出を行っている。すべての真核生物はエネルギー源としてATPを利用している。

化学合成無機栄養微生物［かがくごうせいむきえいようびせいぶつ］↓54、56、58

エネルギーを無機物の酸化や光エネルギーから得て、炭素源は二酸化炭素を固定して有機物を合成する微生物を無機栄養微生物（独立栄養微生物）と呼び、そのなかで無機物の酸化によってエネルギーを得る微生物を「化学合成無機栄養微生物」という。化学合成無機栄養生物にはいくつかの種類があり、代表的なものには硝化菌、硫黄細菌、硫酸還元菌、鉄酸化菌、メタン酸化菌、水素酸化菌などがある。

カビ［かび］↓12、14、26、82

菌類の一種で、菌糸と胞子からできており、糸状菌とも呼ばれる。菌糸の幅は3～10㎛で、伸びた菌糸は肉眼でも見ることができる。カビは形態の違いにより、「藻菌類」、「子のう菌類」、「不完全菌類」、「担子菌類」に大きく分類される。

キノコ［きのこ］↓12、26、50、70

菌類の一種で、カビと同様に菌糸を伸ばし、胞子をつくって増殖する。胞子形成のための複合的な構造物（子実体）を形成する。キノコの傘と柄の部分が子実体であり、糸状の菌糸が集まってできている。キノコは、樹木の細胞成分であるリグニンなど、カビや細菌では分解しにくい有機物を分解することができる特性がある。

共生・寄生微生物［きょうせい・きせいびせいぶつ］→44

ほかの生物の生きている体内に侵入して有機物を獲得する微生物。

共生的窒素固定菌［きょうせいてきちっそこていきん］→36、74

大気中の窒素ガスを固定する微生物を窒素固定菌と呼ぶが、窒素固定菌のうち、植物の根に共生している微生物のことを共生的窒素固定菌という。マメ科植物と共生する根粒菌や、非マメ科植物と共生する「フランキア」と呼ばれる放線菌などが代表例。

菌根菌［きんこんきん］→44、68、70、72

菌類（カビやキノコ）と共生して生育している根のことを「菌根」といい、その根に共生している菌類のことを「菌根菌」と呼ぶ。菌根は、ほとんどの植物の根で認められる。菌根にはいくつかのタイプがあり、アーバスキュラー菌根、外生菌根、内外生菌根、ラン型菌根、シャクジョウソウ型菌根、イチヤクソウ型菌根、ツツジ型菌根などがある。

菌類［きんるい］→10

細菌と区別するために「真菌類」と呼ばれることもあり、いわゆるカビ、酵母、キノコのことを指す。真核生物で細胞壁をもち、無性および有性生殖によって増殖する。基本的に菌糸を伸ばし、胞子を形成する。菌類のうち、菌糸で生活するカビなどの微生物のことを「糸状菌」と呼ぶが、酵母は菌糸で生活しないため、糸状菌には含まれない。

原核生物［げんかくせいぶつ］→10、12

遺伝物質のＤＮＡが核膜に包まれておらず、細胞内に核をもたない生物のことを原核生物と呼び、細菌と藍藻が含まれる。反対に、細胞内に核をもつ生物を真核生物という。原核生物は、真正細菌と古細菌に大別され、古細菌は真正細菌よりむしろ、真核生物に近い特性をもつ。

嫌気性菌［けんきせいきん］→18、46、48

酸素が存在しないところでも生育できる微生物。絶対的嫌気性菌（偏性嫌気性菌とも呼ばれる）は、酸素があるところでは生育できない微生物で、一部の土壌細菌だけがこのグループに属し、クロストリジウム、メタン生成細菌などがその代表例である。条件的嫌気性菌（通性嫌気性菌とも呼ばれる）は、酸素があってもなくても生育できる微生物で、酸素の有無によって発酵系と呼吸系をたくみに使い分けてエネルギーを獲得している。土壌に生息するほとんどの細菌は、このグループに属する。

原生動物［げんせいどうぶつ］
↓ 10、12、28

単細胞生物のうち、生態が動物的な生物を総称したものをいうが、明確な分類学上の基準がないため、現在では大まかなグループを表す呼び方になっている。アメーバのように原形質流動によって移動する「肉質虫類」や、ミドリムシのように鞭毛によって移動する「鞭毛虫類」、ゾウリムシのように体表が繊毛で覆われている「繊毛虫類」などが含まれる。

好塩菌［こうえんきん］↓ 18

ある濃度以上の塩濃度のもとでしか生きられない微生物で、生育できる塩濃度の違いにより、「非好塩菌」、「微好塩菌（低度好塩菌）」、「中度好塩菌」、「高度好塩菌」に分類される。非好塩菌はほとんどの土壌細菌が該当し、微好塩菌は多くの海洋細菌が含まれる。中度好塩菌は、食品などの含塩環境中に生存する。高度好塩菌は20～30％の塩濃度が要求され、塩湖や塩田などに生息している。

好気性菌［こうきせいきん］
↓ 18、46、48

酸素のある環境で生育する微生物。土壌中のほとんどのカビは、このグループに属する。酸素がないと絶対に生育できない「絶対的好気性菌」と、酸素濃度が低い場所でも生育できる「条件的好気性菌」に分けることができる。なお、条件的好気性菌と条件的嫌気性菌は同じ意味である。

光合成微生物［こうごうせいびせいぶつ］
↓ 16

植物のように、光エネルギーを利用して炭酸同化を行う微生物。植物と同じ機序で酸素を発生する光合成を行う藻類や藍藻のほかに、植物とは異なる反応過程によって酸素の発生しない光合成を行う光合成細菌がいる。光合成細菌には紅色硫黄細菌や緑色硫黄細菌が含まれる。

紅色硫黄細菌［こうしょくいおうさいきん］↓ 60

光エネルギーを利用して炭酸同化を行う絶対嫌気性の光合成細菌で、水ではなく硫化水素などを使って光合成を行う。湖、水田、硫黄泉など硫化水素が存在し、酸素のない嫌気性条件下で、光の当たる場所に生育する。クロマチウム属の細菌が代表例。紅色硫黄細菌のなかには、有機物を利用する光有機栄養性細菌も存在する。

紅色非硫黄細菌［こうしょくひいおうさいきん］→60

光エネルギーを利用して炭酸同化を行う光合成細菌の一種であるが、紅色硫黄細菌や緑色硫黄細菌のように、硫化水素などの無機物を光合成に利用するのではなく、有機物を使用するので、光有機栄養微生物に分類される。紅色非硫黄細菌は条件的嫌気性細菌であり、嫌気的条件下では光合成を行うが、好気的条件下では光合成を行わずに有機物を利用して呼吸によってエネルギーを得ている。ロドスピリラム属の細菌が代表例。

抗生物質［こうせいぶっしつ］→8、24、140

微生物が産生し、ほかの微生物などの生体細胞の発育や機能を阻害する物質の総称。抗生物質は放線菌による生産が最も多く、ストレプトマイシン、カナマイシン、テトラサイクリンなどがある。カビなどの菌類が生産する抗生物質にはペニシリン、セファロスポリンなどがあり、細菌が生産する抗生物質にはバシトラシン、ポリミキシンなどがある。抗生物質は医薬品ばかりでなく、カスガマイシン、バリダマイシンなど、農薬にも利用されている。

酵母［こうぼ］→8、14、26

菌類の一種で、基本的に単細胞生物である。カビやキノコと異なり、胞子をつくらず、細胞が出芽することにより分裂して増えていく。酵母は炭水化物を発酵させてグルコースからエタノールを生産するため、その作用を利用して、ビールやワインなどのアルコール飲料やパンなどを製造している。

呼吸系［こきゅうけい］→46

有機物からエネルギーを獲得する過程において、発酵系によってつくられたピルビン酸を、酸素を使って完全に酸化させて、水と二酸化炭素に分解する反応過程。

根圏［こんけん］→64

根の周囲の土壌は、それより外側の土壌とは、養分組成、pH、水分含量などの環境条件が異なっている。このような根の周囲の土壌のことを「根圏土壌」といい、植物の根と根圏土壌を含めた範囲を「根圏」と呼ぶ。

根粒菌［こんりゅうきん］→36、74

ダイズなどのマメ科植物に共生し、「根粒」と呼ばれる直径1～数㎜のコブを根にたくさんつくる細菌。根粒菌は、空気中の窒素ガスを、植物が養分として吸収できるアンモニアやアミノ酸に変えて（空中窒素固定）、植物に窒素成分を提供している。そのかわりに根粒菌は、宿主である植物からエネルギー源である糖分をもらっている。

細菌［さいきん］↓12、14、22、84

バクテリアともいう。原核生物に属する単細胞生物で、遺伝物質であるDNAが核膜に包まれていない。原核生物は真正細菌と古細菌に大別されるが、一般的に真正細菌のことを呼ぶ場合が多い。細菌の大きさは通常1μm前後で、大きいものでは10～100μmになるものもある。細菌はその形状から「球菌」、「桿菌」、「らせん菌」などに分類されている。ほとんどの細菌は二分裂を繰り返して増殖する。

硝化菌［しょうかきん］↓16、38、56

土壌中で、アンモニウム塩を酸化して亜硝酸塩や硝酸塩にする化学合成無機栄養微生物。硝化菌には、アンモニウム塩を酸化して亜硝酸塩に変える「アンモニア酸化細菌」と、亜硝酸塩を酸化して硝酸塩に変える「亜硝酸酸化細菌（硝酸化細菌）」の2つの種類がある。なお、アンモニウム塩から硝酸に変化させる一連の反応を「硝化反応（硝化作用）」と呼ぶ。アンモニア酸化細菌の代表例はニトロソモナスであり、亜硝酸酸化細菌の代表例はニトロバクター。

食物連鎖［しょくもつれんさ］↓32、118

植物を草食動物が食べ、草食動物を肉食動物が食べ、生産者（植物）と消費者（動物）の遺体は分解者である微生物が食べる。このように、すべての生きものは、「食べる、食べられる」の関係のうえに成り立っており、これを「食物連鎖」と呼ぶ。食物連鎖は物質循環の原動力となっている。

シルト［しると］↓42

粘土と砂の中間の性質の土壌粒子。土壌粒子において、粒の直径が2㎜以上を「礫（れき）」、2～0・2㎜を「粗砂」、0・2～0・02㎜を「細砂」、0・02～0・002㎜を「シルト」、0・002㎜以下を「粘土」と呼ぶ。

真核生物［しんかくせいぶつ］↓10

細胞内に核膜に包まれた核をもつ生物のことを真核生物と呼ぶ。一方、細胞内に核をもたない生物を原核生物という。土壌微生物においては、細菌と藍藻を除く微生物（菌類、藻類、原生動物）はすべて真核生物である。

水素酸化菌［すいそさんかきん］↓58

水素を酸化するときに得られるエネルギーを利用する化学合成無機栄養細菌。

生態ピラミッド［せいたいぴらみっど］↓32

食物連鎖の下位に位置するほど個体の大きさは小さく、個体数は多くなり、上位にいくほど個体の大きさは大きく、個体数は少なくなる。これを図で表すとピラミッド型になることから、「生態ピラミッド」と表現される。

世代時間［せだいじかん］→14

1個の細胞が2個になるまでの時間（一分裂に必要とされる時間）。本来は細菌における分裂時間のことを指すが、細菌以外のほかの生物においても適用されることが多い。

藻類［そうるい］→28、60

葉緑素などの色素をもち、光エネルギーを利用して二酸化炭素を固定する酸素発生型の光合成を行う独立栄養生物のうち、コケ植物、シダ植物、種子植物を除いたものの総称で、藍藻、珪藻、緑藻、褐藻などが含まれる。藻類は真核生物に属するが、藍藻は原核生物であるため、細菌の一種として分類されることもある。

耐久体［たいきゅうたい］→80

宿主となる植物が近くにいなかったり、発育環境が不良なときに、病原菌は土壌中で長期間生き延びるために「耐久体」という器官をつくって休眠生活に入る。耐久体には菌類によくみられる「厚膜胞子」などがあり、不良な環境条件でも生きぬく力をもっている。やがて宿主となる植物が近くに現れ、発育環境がよくなると、耐久体は目を覚まし、活動を開始する。

脱窒菌［だつちつきん］→38、48

硝酸塩に含まれる酸素成分を呼吸に利用し、それにより窒素ガスや亜酸化窒素ガスを生成する微生物。多くの脱窒菌は条件的嫌気性菌で、酸素がある条件下では脱窒は行われず、酸素を使ってエネルギーを獲得するが、酸素がなくてもその場所に硝酸や亜硝酸があれば、それらを窒素ガスや亜酸化窒素ガスに還元することにより、生育することができる。脱窒菌は硝酸塩をNO_3^-→NO_2^-→NO→N_2O→N_2のように還元して窒素ガスを大気中に放出する。

団粒構造［だんりゅうこうぞう］→42、94

土壌の粒子が集合して団粒を形成している土壌構造。単粒構造と対比して使用される。単一の粒子間には細かい孔隙（すき間）ができ、団粒間には大きい孔隙ができるため、それぞれの相互作用により、保水性、通気性、排水性に優れた土壌が形成される。

窒素固定［ちっそこてい］→36

大気中の窒素を無機窒素化合物（アンモニア、硝酸塩、二酸化窒素など）に変える反応で、マメ科植物の根に共生する根粒菌や、ハンノキなどの根に根粒をつくって共生する放線菌（フランキア）による「共生的窒素固定」と、アゾトバクターや光合成細菌などの「非共生的窒素固定」がある。

窒素の無機化と有機化［ちっそのむきかとゆうきか］→38、50

土壌微生物が窒素含有率の高い有機物をエサにした場合、細胞内に窒素が過剰になってしまうことがある。そのようなときは、細胞内の無機窒素成分（アンモニア態窒素）を細胞外に放出する作用があり、それを「窒素の無機化」と呼ぶ。一方、細胞成分をつくるのに必要な窒素が、有機物のエサから得た窒素だけでは足りなくなると、土壌中の無機窒素を体内に吸収し、細胞内で核酸やアミノ酸などの有機物に合成する作用があり、それを「窒素の有機化」と呼ぶ。

鉄酸化菌・鉄還元菌［てつさんかきん・てつかんげんきん］→58

二価の鉄イオンを三価の鉄イオンに酸化するときに得られるエネルギーを利用して炭素同化を行う化学合成無機栄養細菌を鉄酸化菌と呼ぶ。一方、三価の鉄イオンを二価の鉄イオンに還元する化学合成無機栄養細菌を鉄還元菌と呼ぶ。

土壌有機物［どじょうゆうきぶつ］→42

土壌中の有機物のすべてを指す。土壌有機物は、動植物の遺体やその分解産物である「非腐植物質」と、暗色無定形の高分子化合物である「腐植物質」から構成されている。

バイオレメディエーション［ばいおれめでぃえーしょん］→8、142

生物の働きによって有害物質を分解して除去し、汚染された環境を浄化する技術。例として、汚染された土壌を微生物の働きによって改善したり、有害な重金属を植物に吸収させて除去するなどの技術がある。微生物を利用するバイオレメディエーションには、もともとその場所に生息している微生物を活性化して浄化する技術（バイオスティミュレーション）と、外部で培養した微生物を導入して浄化する技術（バイオオーグメンテーション）がある。また、植物を用いて土壌の浄化などを行う技術はファイトレメディエーションと呼ばれる。

白色腐朽菌［はくしょくふきゅうきん］→50

キノコは栄養の吸収の仕方から、落ち葉や枯れ木など、死んだ生物の細胞を分解する「腐朽菌」と、生きている木の根に共生して生える「菌根菌」に分けられる。腐朽菌のうち、木材を利用するものを「木材腐朽菌」と呼び、木材腐朽菌には、木材を白く変色させる「白色腐朽菌（シイタケ、マイタケなど）」と、木材を褐色に変色させる「褐色腐朽菌（オオウズラタケ、サルノコシカケなど）」がある。白色腐朽菌は木材に多く含まれる難分解性のリグニンを分解できる特性がある。

発酵系［はっこうけい］→46
有機物からエネルギーを獲得する過程において、酸素のない嫌気的な条件下で行われ、糖類を不完全に分解させてエネルギーを得る反応過程。

発酵食品［はっこうしょくひん］→8
微生物の力を利用して、食材を発酵してつくられた食品の総称。ビール、日本酒、焼酎、ワインなどのアルコール飲料や、醤油、味噌などの大豆発酵食品、かつお節などの水産発酵食品、ヨーグルトやチーズなどの乳製品、そのほかパンや漬物など、さまざまな種類の食品が含まれる。

光無機栄養微生物［ひかりむきえいようびせいぶつ］→54、60
エネルギーを無機物の酸化や光エネルギーから得て、炭素源は二酸化炭素を固定して有機物を合成する微生物を無機栄養微生物（独立栄養微生物）と呼び、そのなかで光からエネルギーを得る微生物を「光無機栄養微生物」という。光無機栄養微生物には、光合成細菌、藻類、藍藻が含まれる。

非共生的窒素固定菌［ひきょうせいてきちっそこていきん］→36
窒素固定菌のうち、植物の根に共生しないで、単独で生育している微生物のことを非共生的窒素固定菌という。好気性細菌のアゾトバクターや、嫌気性の光合成細菌（紅色硫黄細菌、緑色硫黄細菌など）などが含まれる。

標徴［ひょうちょう］→80
植物の表面に病原菌の組織などが現れることによって起こる外観上の異常。うどん粉病に感染したオオムギに現れる白い粉（カビの菌糸や胞子）などがある。

病徴［びょうちょう］→80
植物が土壌伝染性病原菌に感染した結果、植物の細胞や組織に現れる形態の変化。病徴が体の一部にだけ現れた場合を「局部病徴」、全身に現れた場合を「全身病徴」という。局部病徴の例には斑点や褐変などがあり、全身病徴の例には植物全体の萎縮や枯死などがある。

腐植［ふしょく］→42
土壌中において、微生物の作用により動植物の遺体などが分解され、その分解産物が再合成してつくられた、暗色無定形の高分子化合物のこと。腐植は土の粒子と結合して団粒構造をつくる。

腐生微生物［ふせいびせいぶつ］ ↓ 44
動物や植物の遺体など、生命のない物質からエネルギーや栄養を獲得する微生物。

物質循環［ぶっしつじゅんかん］ ↓ 32
自然界において、大気、水、土壌、生物などの間を移動する物質（炭素、窒素、リン、硫黄など）の流れ。生産者・消費者・分解者による食物連鎖は、物質循環にとって重要な役割を担っている。

フランキア［ふらんきあ］ ↓ 36、74
ハンノキやヤマモモなど、マメ科以外の植物の根に共生して根粒をつくり、大気中の窒素ガスを固定する放線菌。フランキアは、特定の植物との組み合わせが決まっている根粒菌とは異なり、ひとつの種類のフランキアは、いくつかの種類の植物と共生することができる。

放線菌［ほうせんきん］ ↓ 12、14、24、86
細菌とカビの中間の性質をもち、カビと同じように菌糸を伸ばし、その先端に胞子を形成するが、細菌と同様に原核生物であるため、細菌のグループに分類される。菌糸の幅や長さはカビよりも短いものが多い。ほとんどが土壌に生息しており、植物の遺体などの分解に貢献している。抗生物質の多くは、放線菌によって生産されたものである。

無機栄養微生物［むきえいようびせいぶつ］ ↓ 16、54
エネルギーは無機物の酸化や光エネルギーから得て、炭素源は二酸化炭素を固定して自らの有機物を合成する微生物。「独立栄養微生物」ともいう。

ムシゲル［むしげる］ ↓ 64
根の先端部（根冠付近）から分泌される粘液性の高い物質（多糖類、有機酸、アミノ酸などが含まれる）で、おもにペクチン様多糖体からなる。分泌されたムシゲルが根の表面を覆い、そこに土壌微生物が定着する。

無性胞子［むせいほうし］ ↓ 14
交配を経ずに1個の細胞から無性的につくられた胞子で、「胞子嚢胞子」、「分生子」、「厚膜胞子」などがある。

メタン酸化菌［めたんさんかきん］ ↓ 58、124
酸素を使ってメタンを二酸化炭素に分解して炭素源とエネルギーを得ている化学合成無機栄養細菌。

有機栄養微生物［ゆうきえいようびせいぶつ］ ↓ 16、44
活動に必要なエネルギーと、細胞成分となる炭素源を、すでに合成されている有機物から獲得する微生物。「従属栄養微生物」ともいう。

有性胞子［ゆうせいほうし］↓14
交配によって核の融合と減数分裂でできた胞子で、「接合胞子」、「子嚢胞子」、「担子胞子」などがある。

藍藻［らんそう］↓28、60
植物と同じ酸素発生型の光合成を行う光無機栄養微生物。藍藻は藻類の一種であるが、「シアノバクテリア（藍色細菌）」とも呼ばれ、単細胞生物であり、核のない原核生物であることから、現在では細菌のグループに分類されることもある。

リグニン［りぐにん］↓42、50
植物の細胞壁には、リグニン、セミロース、ヘミセルロースなどの高分子成分が多く含まれている。このうち、セミロース、ヘミセルロースは微生物が分泌した酵素で分解しやすいが、リグニンがセミロースやヘミセルロースに結合していると、構造がより強固になり、微生物によって低分子に分解されにくい。リグニンは木のなかに20～30％含まれているため、木はなかなか微生物によって分解されない。しかし、菌類のキノコだけは、リグニンを分解する作用をもっている。

緑色硫黄細菌［りょくしょくいおうさいきん］↓60
光エネルギーを利用して炭酸同化を行う絶対嫌気性の光合成細菌で、水ではなく硫化水素などを使って光合成を行う。湖、水田、硫黄泉など硫化水素が存在し、酸素のない嫌気性条件下で、光の当たる場所に生育する。クロロビウム属の細菌が代表例。

連作障害［れんさくしょうがい］↓134
農耕地において、同じ作物を同じ場所に繰り返し栽培することによって、作物が生育不良になる現象。トマトやナスの青枯病や、ハクサイやキャベツの根こぶ病などがある。

監修者プロフィール

横山 和成（Yokoyama Kazunari）

尚美学園大学　尚美総合芸術センター副センター長。農学博士。

1959年和歌山県生まれ。北海道大学大学院農学研究科修了（農学博士）後、米国コーネル大学農学・生命科学部およびボイストンプソン植物科学研究所客員研究員、北海道農業研究センター畑作研究部生産技術研究チーム長や（独）農研機構中央農業総合研究センター生産支援システム研究チーム長、情報利用研究領域上席研究員等を経て現職。「ＮＰＯ法人生活者のための食の安心協議会」の代表理事。著書に『食は国家なり！ 日本の農業を強くする５つのシナリオ』（アスキー新書）など。

■写真提供（順不同・敬称略）

（株）DGCテクノロジー／（株）エーピー・コーポレーション／岐阜県森林研究所／倉持正美／国立研究開発法人 森林総合研究所／奈良県森林技術センター／（一社）農山漁村文化協会

■参考文献

金子信博『土壌生態学入門』東海大学出版会、2007

土壌微生物研究会編『新・土の微生物（1）～（10）』博友社、1996～2003

中村好男『ミミズのはたらき』創森社、2011

西尾道徳『土壌微生物の基礎知識』農文協、1982

一般財団法人　日本土壌協会監修『図解でよくわかる　土・肥料のきほん』誠文堂新光社、2014

福田雅夫・他『微生物からのメッセージ』エンタプライズ、2001

藤原俊六郎『新版 図解 土壌の基礎知識』農文協、2013

堀越孝雄・二井一禎『土壌微生物生態学』朝倉書店、2003

渡辺巌『田畑の微生物たち』農文協、1986

「月刊　現代農業」農文協

■執筆：チーム「鳴」（ナル）
長年、農業農村および食の現場を広く取材してきたライター・カメラマン・編集者と、それに指導協力してきた試験研究者の有志集団（代表･斉藤智〈青山エディックススタジオ〉）

装丁・デザイン　TYPE 零（株）國田誠志　尾関俊哉
表紙デザイン　西岡啓次
イラスト　國田誠志

図解《ずかい》でよくわかる 土壌微生物《どじょうびせいぶつ》のきほん

土《つち》の中《なか》のしくみから、土《つち》づくり、家庭菜園《かていさいえん》での利用法《りようほう》まで

2015年7月17日　発　行　　NDC 610
2025年2月3日　第8刷

監　修　者　横山《よこやま》 和成《かずなり》
発　行　者　小川雄一
発　行　所　株式会社 誠文堂新光社
〒113-0033 東京都文京区本郷 3-3-11
https://www.seibundo-shinkosha.net/
印　刷　所　広研印刷 株式会社
製　本　所　和光堂 株式会社

ISBN978-4-416-71564-2